趣味閱讀學成語 ④

主編／　謝雨廷　曾淑瑋　姚嵐齡

中華教育

目錄

趣味閱讀學成語 ④

乘涼妙方法

　　夏天到來，酷暑難耐，令人**汗流如雨**。有個鄭國人非常怕熱，他家的院子裏有一棵大樹，一天他**心血來潮**就捲了草蓆，帶着扇子到樹蔭下乘涼。

　　從日出東山開始，太陽漸漸往西邊移動，樹影也跟着移動。鄭國人發現了這個現象，也跟着樹影不停地挪動草蓆，讓自己能夠處在樹影下，免得曬到太陽。等到太陽下山的時候，樹影回到樹底下，鄭國人也跟着回去。

　　鄭國人**沾沾自喜**地想：這個避暑方法真妙！

　　到了晚上，鄭國人熱得**輾轉反側**，無法入睡。他起來看見窗外月明風清，又拿着草蓆出去乘涼了。

🐝 成語自學角

汗流如雨：形容汗水流得像雨水一樣多。

心血來潮：指心裏突然或偶然起了一個念頭。

沾沾自喜：形容自得自滿的樣子。

輾轉反側：翻來覆去，睡不着覺。形容心裏有所思念或心事重重。

　　這時**夜闌人靜**，鄭國人把蓆子放在大樹底下乘涼。月亮在空中移動，鄭國人看見樹影也在地上移動，忽然**靈機一動**：用白天避暑的方法，肯定會更涼快的。我真是**冰雪聰明**呢！於是，他緊隨着樹影的移動來挪動蓆子。

　　鄭國人本以為可用躲避太陽的方法令自己涼快些，沒料到地上全是濕漉漉的露水，他的衣服和蓆子都被沾濕了。月光下的樹影拉長了，樹影越移越遠，他也不斷移動位置，以致身上越沾越濕。

夜闌人靜：深夜人聲寂靜。

靈機一動：突然想出了一個方法。

冰雪聰明：比喻人聰明非凡。

　　這個**大愚不靈**的鄭國人，硬套白天避暑的經驗，而不**隨機應變**，結果一整晚沒睡，還全身濕透，真是**愚不可及**！這則寓言告訴我們，事情會不斷變化，不能只用舊的方法來解決新問題，而要靈活變通，不然就會**徒勞無功**，四處碰壁。

成語自學角

大愚不靈：愚笨而不通曉事理。

隨機應變：隨着時機和情況的變化而靈活應付。

愚不可及：形容人極其愚笨。

徒勞無功：徒，空，白白地。徒勞，空費心力。白白付出勞動而沒有成效。

你試過花費很多時間做事或學習，卻沒有成效嗎？想一想當中的原因和改善的方法。

思考園地

成語練功房

寫一寫

試從這個故事所學的成語中，選擇最適當的填寫在橫線上。

1. 比賽結果即將公佈，他緊張得 ＿＿＿＿＿＿＿＿＿＿ 。

2. 正當大家都束手無策的時候，他突然 ＿＿＿＿＿＿＿＿＿＿ ，提出解決辦法。

3. 弟弟不小心受傷住院，媽媽整晚 ＿＿＿＿＿＿＿＿＿＿ ，難以入眠。

4. 阿龍為人固執，你再苦心勸說也是 ＿＿＿＿＿＿＿＿＿＿ 。

5. 放學路上，我 ＿＿＿＿＿＿＿＿＿＿ 想吃雪糕，媽媽卻不讓我吃。

6. 遇到危險切記不可慌張，必須冷靜沉着，＿＿＿＿＿＿＿＿＿＿ 。

7. 王姐姐 ＿＿＿＿＿＿＿＿＿＿ ，大家都讚美她是「才女」。

海神的犧牲品

　　從前有個家境貧困的年輕人，他**一介不取**，德行良好。年輕人在一戶富人家打工，富人與他的富朋友都**貪得無厭**，他們得知海中有個海神的寶藏，便想去盜採。

　　富人見年輕人**孔武有力**，便把他帶上船。他們採到寶藏後回去，但半路上，船怎麼划也動不了。富人知道是因為採寶藏得罪了海神，嚇得**魂飛魄散**，立刻跪下祈求海神原諒。而年輕人因為甚麼財物都沒拿，**心安理得**，一點也不害怕。

成語自學角

一介不取：介，通「芥」，一粒芥菜子，形容微小。一點小東西也不拿。形容廉潔、守法，不是自己應該得到的一點都不要。

貪得無厭：貪心而不滿足。

孔武有力：形容人勇敢而力大。

魂飛魄散：嚇得連魂魄都離開人體四處飛散了。形容驚恐萬分，極度害怕。

心安理得：形容行事合情合理，所以心中坦然沒有愧疚。

　　船隻開不動，果然是因為海神。海神想懲罰這些貪心的富人，卻不想連累正直的年輕人受到**無妄之災**。他**絞盡腦汁**想了個法子：讓我考驗一下這些富人吧！如果他們禁得起考驗，我就饒恕他們；如果他們禁不起考驗，那我施行懲罰時，也不會連累年輕人。

　　夜裏，一個富人夢見海神對他說：「只要你們把船上的年輕人送給我，我就放你們走。」他醒來後，把這個夢告訴其他人。富人個個**貪生怕死**，樂得犧牲年輕人以**消災解厄**。他們祕密商議怎樣處置年輕人時，給年輕人聽到了。

　　年輕人不願連累大家，**自告奮勇**說：「好吧！就讓我成為海神的犧牲品！」

無妄之災：指平白無故受到的災禍或損害。

絞盡腦汁：形容費盡腦力，竭盡心思。

貪生怕死：貪戀生存，害怕死亡。

消災解厄：消除災難，解除厄運。

自告奮勇：自己主動要求擔任某項任務。

　　富人一聽，高興極了。他們紮了小木筏，放了水和糧食在上面，等年輕人上了木筏後，就**揚長而去**。

　　海神見到這情況，捲起一個大浪把富人的船打翻，使他們**葬身魚腹**。同時，又吹起一陣順風，把年輕人的木筏直送到岸邊。年輕人就這樣安全地回到家鄉，與妻兒團聚。

🐝 成語自學角

揚長而去： 大模大樣地離開。

葬身魚腹： 屍體為魚所食。指淹死在水中。

你認為海神對富人的處罰合適嗎？為甚麼？

思考園地

成語練功房

寫一寫

試從這個故事所學的成語中，選擇最適當的填寫在橫線上。

(1) 警察先生 _____，
　　也想不到小偷是怎樣偷走寶
　　物的。

(2) 他看見女孩掉進水裏，
　　嚇得 _____，
　　不知所措。

(3) 回家途中，突然有隻狗衝
　　過來咬我的腳，真是一場
　　_____ 啊！

(4) 他們甚麼都沒有說就
　　_____，
　　留下我呆站在原地。

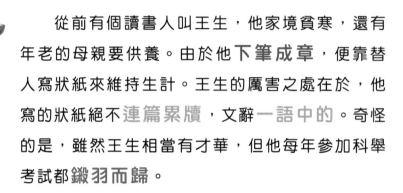

筆能助人

　　從前有個讀書人叫王生，他家境貧寒，還有年老的母親要供養。由於他**下筆成章**，便靠替人寫狀紙來維持生計。王生的厲害之處在於，他寫的狀紙絕不連篇累牘，文辭一語中的。奇怪的是，雖然王生相當有才華，但他每年參加科舉考試都鎩羽而歸。

　　有一晚，王生夢見兩個青衣人把他叫去，帶到一座富麗堂皇的官府。廳堂上端坐着一位神情嚴肅的帝君，旁邊有兩位**不苟言笑**的紅衣官員。

　　王生上殿，伏在地上，而帝君臉色十分嚴厲，扔下一本冊子。王生看到冊上有自己的名

🐝 成語自學角

下筆成章：一揮筆即寫成文章。比喻才思敏捷，且具文采。

連篇累牘：牘，古代用以書寫文字的木片。形容文章篇幅冗長。

一語中的：一句話就說中了事物的重點。

鎩羽而歸：鎩羽，鳥傷了翅膀，羽毛脫落。比喻失意或受挫折而回。

不苟言笑：苟，隨便的意思。不隨便談笑，態度嚴肅。

字，寫着他應當在某次科舉中考取功名，進而**一帆風順**，官至總督大人。但因為與人**狼狽為奸**，寫狀紙捏造罪名，陷害他人，所以功名被取消了。

帝君說：「你以為你做這些事情沒有人知道，其實早就落入上蒼的眼中。念在你侍奉母親孝順，假若你立即改過，可以還你功名。如**執迷不悟**，就要追索你的性命！」說完，又命令青衣人將王生帶出去。

青衣人對王生說：「希望你能**改過自新**。回去吧！」說完，王生一下就醒了。

王生回想夢中情景，**歷歷在目**。可是他心想，如果不替人寫狀紙，又該怎麼維持生計呢？王生靈機一動，筆能害人，也能用來助人呢！

一帆風順：船掛滿帆，一路順風而行。後用來比喻非常順利，毫無阻礙。
狼狽為奸：狼與狽相互配合，傷害人命。後用來比喻互相勾結做壞事。
執迷不悟：堅持錯誤的觀念而不醒悟。
改過自新：改正過失，重新做人。
歷歷在目：清楚且明白地呈現在眼前。

從那天起，凡是有諍訟的人前來，他都想盡辦法勸說調解。那些沒有道理而要諍訟的，他加以斥責說理。對於那些有理卻無法自己辯解的人，他便**拔刀相助**，為他們寫狀紙申訴。一年後，王生果然如願以償考取功名。

成語自學角

拔刀相助：出面替人打抱不平，或出力幫助。

如願以償：心願得以實現。

思考園地

你認為故事中的王生，最後能考取功名的原因是甚麼？

成語練功房

説一説

試根據圖片內容和提供的成語，為人物配上適當的對話。

成語：改過自新

警察：＿＿＿＿＿＿＿＿＿＿＿＿＿＿＿

＿＿＿＿＿＿＿＿＿＿＿＿＿＿＿＿＿＿＿＿＿

＿＿＿＿＿＿＿＿＿＿＿＿＿＿＿＿＿＿＿＿＿

成語：一帆風順

老伯伯：＿＿＿＿＿＿＿＿＿＿＿＿＿

＿＿＿＿＿＿＿＿＿＿＿＿＿＿＿＿＿＿＿＿＿

＿＿＿＿＿＿＿＿＿＿＿＿＿＿＿＿＿＿＿＿＿

傻妻子

鄭縣有個姓卜的男子，他有一個傻妻子。有一次，鄭人要出門，覺得沒有一件像樣的衣服，於是對妻子說：「幫我做條褲子，好嗎？」

鄭人妻問：「要做甚麼樣式的褲子呢？」

鄭人說：「就跟原來的一樣。」

不過就是做條褲子嘛！鄭人妻自認為遊刃有餘。

鄭人妻立刻找出那條又舊又破又髒的褲子，先是按舊褲子買一模一樣的布料。可是，她在市集上遍尋不着，於是家家戶戶詢問，花了很長時間才找到相似的布料。

🐝 成語自學角

遊刃有餘：比喻工作熟練，有實際經驗，解決問題毫不費事。

一模一樣：外型完全一樣。

家家戶戶：每家每戶。指所有的人家。

　　回家後，鄭人妻比照舊褲子裁剪，又是剪短，又是剪窄，十分忙碌。就這樣，她**依樣畫葫蘆**，花了幾天時間，好不容易才將新褲子縫起來。

　　可是，鄭人妻再仔細一看，發現新褲子與舊褲子還是不一樣。她搜索枯腸，想出一個好辦法。她把新褲子放在地上揉，弄得半新不舊，但看了看還是不夠，又繼續搓呀、捶呀、踩呀，累得**筋疲力盡**、**氣喘如牛**，才把新褲子弄得跟舊褲子一樣又髒又破。

依樣畫葫蘆：依照葫蘆的樣子畫葫蘆。比喻一味模仿，沒有創新。

搜索枯腸：搜尋枯空的肚腸。形容竭力思索。

半新不舊：東西經過使用後，七分新、三分舊。

筋疲力盡：形容非常疲乏，一點力氣也沒有了。

氣喘如牛：形容呼吸急促，像牛一樣大聲喘氣。

　　鄭人妻看見自己**嘔心瀝血**縫製的「新褲子」終於完成，**迫不及待**拿給丈夫看。鄭人**目瞪口呆**，半晌說不出話來。他指着妻子手上的破褲子，氣憤地說：「既然還是破褲子，那我就穿原來的，何必要你做新的呢？」

　　鄭人妻不知變通，竟把新褲子毀壞使它看起來像舊褲子一樣，結果**弄巧反拙**。成語「卜妻為褲」就是形容人做事刻板保守，不知變通。

🐝 成語自學角

嘔心瀝血：嘔心，把心吐出來。瀝血，把血滴盡。比喻費盡心思、用盡心血。

迫不及待：急迫得不能等待。形容心情急切。

目瞪口呆：形容因吃驚或害怕而發愣的樣子。

弄巧反拙：本想賣弄才能、聰明，結果卻做了蠢事。

思考園地

你有否像故事中的妻子一樣，做了弄巧反拙的事？試分享當時的經過和感想。

成語練功房

寫一寫

一間百貨公司正舉辦秋季大減價。試運用提供的成語，寫出人們等候的情況和心情。

成語

迫不及待

_____

_____

_____

_____

不能打狗啊！

一大清早，楊布**興致勃勃**想去拜訪朋友。他告訴妻子：「前幾天我買了件白色的新衣服，不如就穿它吧！」

「最近常下雨，別穿新衣服了，萬一淋濕就糟蹋了。」雖然妻子這麼說，但楊布還是對她的提醒**充耳不聞**。楊布換上新衣後，覺得自己英俊又帥氣，高高興興地帶着僕人出門。

不料走到半路，真的下起**滂沱大雨**，楊布**悔不當初**，心想早知道就不穿新衣服了。雨越下越大，楊布和僕人全身濕透。

🐝 成語自學角

興致勃勃：勃勃，旺盛的樣子。形容興趣濃厚。

充耳不聞：耳朵雖有聽見，卻好像沒聽到似的不理會。

滂沱大雨：形容雨勢非常大。

悔不當初：事情和預料的不同，後悔當時不應該那麼做。

　　到了朋友家，朋友見楊布和僕人**狼狽不堪**，趕緊請他們進屋裏去，讓他們換上乾淨的衣服。楊布換了衣服後**神清氣爽**，和朋友一起吃飯喝酒、**談天說地**，直到傍晚才回去。

　　當楊布踏進家門，家中的狗卻對他吠個不停，甚至撲上去要咬他。楊布抓起旁邊的棍子，就要打下去。他的哥哥楊朱及時走出來，急忙阻止說：「怎麼一回家就**怒氣沖沖**？」

　　「哥哥，這隻可惡的狗竟然想咬主人呢！」楊布感到**莫名其妙**。

狼狽不堪：形容處境困難、窘迫的樣子。
神清氣爽：精神好、氣色佳、心情舒暢。
談天說地：形容聊天談話的內容很廣，沒有範圍。
怒氣沖沖：極度生氣、憤怒。
莫名其妙：對於事物或現象不能理解。

　　「咦？我記得你出門時穿的是白色衣服，怎麼現在卻換成藍色的呢？」楊朱想了想，**恍然大悟**說：「難怪了！這隻狗以為你是陌生人才要咬你，這表示牠很**盡忠職守**呀！」

　　楊布這才明白，自己誤會了一條**忠心耿耿**的狗啊！

　　每個人在做事情時，背後可能有他的原因，如果不了解清楚，只看表面現象就貿然下定論，很容易發生誤會喔！

🐝 成語自學角

恍然大悟：指突然明白、知道了。

盡忠職守：忠誠、認真地守在自己的工作崗位上，做好自己的工作。

忠心耿耿：耿，正直。形容非常忠誠，不會隨便改變志節。

思考園地

如果你做錯事，別人卻不給你機會解釋，也不理解你犯錯的原因，你有甚麼感受？你會為自己辯解嗎？

成語練功房

説一説

試根據以下圖片構思一個故事，說說小傑為甚麼會「悔不當初」。

現在回想起來，真是悔不當初！

真假蘋果

蘇格拉底是古希臘的哲學家，有着**卓爾不羣**的智慧。

一天，蘇格拉底的學生在課堂發問：「我們的心容易受到外界的影響而**反覆無常**，怎麼做才能堅持真理呢？」

蘇格拉底拿出一顆蘋果問：「我剛在蘋果園摘了一顆蘋果，誰聞到蘋果的味道？」

有一位學生舉手回答：「我聞到！」

蘇格拉底又問：「還有誰聞到？」大家紛紛搖頭。

蘇格拉底再次舉着蘋果說：「請大家務必**聚精會神**，再聞一次。」他回到講台上，又問：「大家聞到蘋果的味道嗎？」這次，原本**舉棋不定**的學生都舉起了手。

🐝 成語自學角

卓爾不羣：形容人的能力才華突出，超越眾人。

反覆無常：形容變動不定，一時這樣，一時那樣。

聚精會神：比喻非常專心，精神集中。

舉棋不定：比喻做事猶豫不決，拿不定主意。

接着蘇格拉底又問了第四次，學生**面面相覷**，開始懷疑自己，紛紛**交頭接耳**。當蘇格拉底再發問時，除了一位學生外，其他學生**不約而同**地舉起了手。

蘇格拉底走到那位學生面前，問：「你真的沒有聞到蘋果的香味？他們都說聞到，只有你一個說沒有喔！」他始終回答：「是的，老師，我沒有聞到蘋果的味道。」這位學生的看法**堅如磐石**，沒有**一絲一毫**動搖，蘇格拉底滿意地點點頭。

蘇格拉底回到講台上，向學生宣佈：「他是對的。這是一顆假蘋果，怎會有味道呢？」學生一陣譁然，紛紛問：「老師您剛剛說，這顆蘋果是從果園摘來的，怎麼會假的呢？」

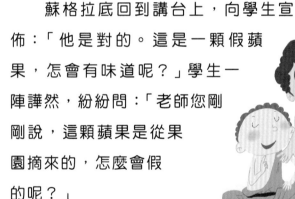

面面相覷：互相看着對方。形容因緊張、驚懼而不知該怎麼做的樣子。

交頭接耳：形容湊近頭耳，低聲私語。

不約而同：彼此並未事先約定，而所發表的意見或所做的行為卻相同。

堅如磐石：像磐石一樣堅固。比喻極為堅定，不可動搖。

一絲一毫：一點點，形容極小或極少。

　　蘇格拉底**語重心長**地說：「你們聽了我說蘋果是從樹上摘下來，就把它當成真蘋果。難道你們沒有懷疑過它是假的嗎？有懷疑就要去探究真相，尋找事實。凡事都要有自己的判斷和主見，不要輕易相信別人，或是**人云亦云**，這就是堅持真理了！」蘇格拉底的言論深刻透徹，猶如**當頭棒喝**，讓學生獲益匪淺。據說那個唯一沒有被蘇格拉底誤導的學生，就是日後**大名鼎鼎**的哲學家柏拉圖。

成語自學角

語重心長： 言辭真誠、情意深長，且具有影響力。

人云亦云： 別人說甚麼，自己也隨聲附和。比喻人沒有主見。

當頭棒喝： 比喻使人醒悟的警示。

大名鼎鼎： 鼎鼎，盛大的樣子。形容人的名氣聲望很大。

思考園地

假如你是蘇格拉底的學生，當他說蘋果是從樹上摘下來，而你卻聞不到味道，你會選擇相信他嗎？為甚麼？

成語練功房

寫一寫

試從這個故事所學的成語中，選擇最適當的填寫在橫線上。

1. 你們不要在台下 _____，若有意見，就舉手發表吧！

2. 他 _____ 地計算數學題目，算着算着就睡了。

3. 吳醫生 _____ 地叮囑爸爸戒煙，並要多做運動保持身心健康。

4. 今天，我和欣欣 _____ 地穿上格子花紋的外套。

5. 你不能一會兒說想吃漢堡包，一會兒說想吃水餃，再這樣 _____，我們就別想吃晚餐了！

6. 我和詩詩的友情 _____，不會輕易受到動搖。

7. 圖書館裏，有些人在 _____ 說話，有些人在看書，有些人在用電腦。

鄒忌照鏡子

　　鄒忌身高八尺多，**風度翩翩**。這天早晨，他換好衣服，站在鏡子前面左照右照，對自己的長相滿懷信心。

　　鄒忌見妻子站在身旁，順口問：「聽說城北的徐公是個美男子，你認為我和他相比，誰比較英俊？」

　　鄒忌的妻子**笑容可掬**地說：「呵呵！相公您這是**明知故問**，當然是您最帥啊！」接着，鄒忌又走去問小妾。

　　小妾**直截了當**地說：「相公您**玉樹臨風**，徐公哪比得上你？」

🐝 成語自學角

風度翩翩：形容一個人文采風流，舉止瀟灑。

笑容可掬：滿面笑容，好像可以用雙手捧起來一樣。形容笑容滿面的樣子。

明知故問：明明知道，還故意問人。

直截了當：形容說話、做事不繞彎子，乾脆爽快。

玉樹臨風：形容人年少才貌出眾。

　　第二天，鄒忌對上門來訪的客人提出同樣的問題。客人的回答和妻妾的**如出一轍**，說得鄒忌**心花怒放**。他覺得「全國俊男」這封號自己**當之無愧**啊！

　　不久，徐公有事來找鄒忌。鄒忌越看越覺得徐公的帥氣比自己**略勝一籌**。他不禁想：為甚麼大家都不誠實呢？

　　一天，鄒忌**茅塞頓開**！他知道這是因為妻子對自己偏心，小妾畏懼自己，而客人有事想求自己，所以都沒有說實話。

如出一轍：轍，指車輛駛過，車輪所留下的行跡。行徑相同，車轍一致。比喻事物或言行舉止十分相像。

心花怒放：心裏高興得像花兒盛開一樣。比喻非常快樂。

當之無愧：承當得起某種稱號或榮譽，不須感到慚愧。

略勝一籌：互相比較之下，一方略為高明、厲害。

茅塞頓開：堵塞的心忽然被打開。形容受到啟發，立刻明白了某個道理。

　　鄒忌曉得這個道理後，立刻上朝晉見齊威王，說：「我只不過是**微不足道**的臣子，耳邊就充斥着這麼多謊話。大王您位高權重，聽見的謊話一定更多！」

　　齊威王認為有道理，便頒佈命令：能說出國家和大王缺點的勇夫，重重有賞！懂得**從善如流**的齊威王因此改善了國家的許多缺失，成為一個善於治理國家的好君王。

成語自學角

微不足道：卑微得不值得一提。

從善如流：聽從好的意見，就像流水般的自然順暢。比喻樂於接受人家的勸告。

思考園地

我們很多時候不敢指出別人的缺點或錯誤，你認為這樣會帶來甚麼影響？

成語練功房

寫一寫

試從這個故事所學的成語中，選擇最適當的填寫在橫線上。

1. 陳老師對同學的要求很高，得到他的讚美，讓我 ＿＿＿＿＿＿＿＿＿

   ＿＿＿＿＿＿＿。

2. 這宗偷竊案件和前次的手法 ＿＿＿＿＿＿＿＿＿，可能是同一人

   犯下的。

3. 別轉彎抹角了，你就 ＿＿＿＿＿＿＿＿ 說吧！我不會生氣的。

4. 你知道小華在生你的氣，還問我小華怎麼了，真是 ＿＿＿＿＿＿＿

   ＿＿＿＿＿＿＿。

5. 一個人的力量雖然是 ＿＿＿＿＿＿＿＿，但只要大家團結一

   致，就能凝聚成強大的力量。

6. 和我比起來，哥哥的圍棋技術 ＿＿＿＿＿＿＿＿。

7. 他這麼努力，這份榮耀的確是 ＿＿＿＿＿＿＿＿。

8. 老師的指導令我 ＿＿＿＿＿＿＿＿，徹底掌握計算分數的

   方法。

水餃的由來

　　你吃過皮薄餡香的水餃嗎？傳說水餃是中國醫聖張仲景發明的。

　　東漢末年，各地災患嚴重，還發生了大瘟疫，人們稱為「傷寒」。患者會持續高熱、腹痛等，嚴重者甚至會死亡。面對可怕的瘟疫，人們**束手無策**，惶惶不安。

　　當時有個人叫張仲景，他為了醫治傷寒，跟同郡的張伯祖學醫，發憤鑽研醫學。張仲景孜孜矻矻於醫書，練就精湛的醫術，甚麼**疑難雜症**都能**手到病除**。而且他醫德高尚，無論病人是

成語自學角

束手無策：捆住雙手，無計策可施。比喻面對問題時，毫無解決的辦法。

惶惶不安：心中驚慌害怕，十分不安。

孜孜矻矻：勤勞努力不懈怠。

疑難雜症：指各種病因不明或難治的病。也比喻不易理解、難以解決的問題。

手到病除：一伸手為病患診治，病很快就好了。形容醫術高明。

貧窮或富貴，他都認真醫治。多年下來，**仁心仁術**的張仲景救人無數。

　　張仲景曾到長沙任官，他離任的時候正值冬天。當時**天寒地凍**，張仲景看見很多窮苦百姓瑟縮街頭，他們**骨瘦如柴**，又冷又餓，有些人連耳朵都凍爛了。張仲景**於心不忍**，翻書研究了一個禦寒的藥膳，發明出「祛寒嬌耳湯」。

　　冬至那天，張仲景吩咐弟子在空地上搭棚，架起大鍋，向窮人派發「祛寒嬌耳湯」。這個湯是將羊肉、辣椒和祛寒的藥材一起熬煮，再撈出來切碎，用麵皮包成耳朵的樣子。接着把包好餡料的麵皮放進原湯煮熟，分給病人吃。

仁心仁術：稱揚醫生心地善良、醫術高明的用語。

天寒地凍：形容天氣寒冷極了。

骨瘦如柴：骨架瘦得顯露出來，根根像木材一樣。形容非常消瘦的樣子。

於心不忍：因內心的憐憫而狠不下心作某種決斷。

病人吃了袪寒湯後渾身發熱，血液通暢，兩耳變暖，凍傷的耳朵也治好了。大家對張仲景千恩萬謝，但他謙虛地認為自己只是略施綿薄之力，不足掛齒。後來，每到冬至，人們便仿照「嬌耳」的樣子做過年的食物，稱為「餃耳」或「餃子」。

🐝 成語自學角

千恩萬謝：再三地答謝。

不足掛齒：不值得放在嘴上。指人或事物輕微，不值得一談。表示謙虛或輕視。

思考園地

除了餃子外，你還知道哪些中國傳統美食的故事？

成語練功房

寫一寫

下面哪些成語是讚美醫生醫術高明的？把相關成語圈出來。

千恩萬謝　手到病除　束手無策　仁心仁術

杏林之光　杏壇之光　仁至義盡　相憐同病

妙手回春　懸壺濟世　病入膏肓　良藥苦口

華佗再世　無可救藥　諱疾忌醫　病急亂投醫

餘音繞樑

　　春秋時期，韓國有位歌唱家叫韓娥。她容貌美麗、聲音動聽，聽過她歌聲的人都深深地陶醉。

　　相傳有次，韓娥來到一家旅店投宿。店員見她窮愁潦倒，對她**冷嘲熱諷**。韓娥傷心至極，走到大街唱起幽怨的歌曲，表達自己的悲傷。她的歌聲竟使四周的人，無論男女老幼都為之動容，再**鐵石心腸**的人也忍不住傷心流淚，整日**抑鬱寡歡**，甚至**食不下咽**。

　　韓娥離開時，人們急忙把她追回來，請她再為大家高歌一曲歡樂的歌。韓娥的熱情演唱，使人們**歡欣鼓舞**，從憂傷的情感中漸漸地解脫出來，不愉快的感覺**一掃而空**。

🐝 成語自學角

冷嘲熱諷：形容尖酸、刻薄的嘲笑和諷刺。

鐵石心腸：像鐵石鑄成的心腸。形容人剛強而不為感情所動。

抑鬱寡歡：憂愁不快樂的樣子。

食不下咽：吃不下食物。比喻內心非常悲傷、憂愁或煩惱。

歡欣鼓舞：歡喜興奮的樣子。

一掃而空：全部清除乾淨。比喻徹底清除。

又有一次，韓娥來到齊國的都城臨淄。當時她的旅費用盡，乾糧也吃完，到了**山窮水盡**的地步，於是在城門賣唱來換取食物。她的歌聲美妙動聽、感人心脾。霎時間，幹活的人停下了手，走路的人停下了腳，吵架的人閉上了嘴，開店的人關了門。人們把她包圍得水泄不通，**全神貫注**地聽她唱歌。韓娥唱完後，大家紛紛掏出金錢來打賞她。韓娥用賣唱的錢吃飽後，便離開了。

山窮水盡：水陸交通阻斷，無法通行。比喻人走投無路，陷入絕境。

感人心脾：形容使人深受感動。

水泄不通：一點水也無法泄漏。形容包圍得極為嚴密。

全神貫注：將心思精神完全集中於某事物上。

　　三天後，凡是聽過韓娥唱歌的人，都覺得她那**超羣絕倫**的歌聲，彷彿還在城門的樑柱之間繚繞，好像沒有離去一樣。「**餘音繞樑**」這個成語就是從這裏演變出來的。

成語自學角

超羣絕倫： 比喻超過一般的等級，極為優等，無人可比。

餘音繞樑：餘留的歌聲環繞屋樑，迴旋不去。後用來形容歌聲或音樂美妙感人，餘味不絕。

思考園地

聽音樂有助抒發情感，你在開心和不開心的時候會聽甚麼音樂？

成語練功房

寫一寫

試從這個故事所學的成語中，選擇最適當的填寫在橫線上。

1. 最近連環發生不幸的事，小武整個人顯得 ＿＿＿＿＿＿＿＿＿＿＿。

2. 菜剛端上桌，就被 ＿＿＿＿＿＿＿＿＿＿，李媽媽的廚藝不是浪得虛
   名呀！

3. 慧美憑着 ＿＿＿＿＿＿＿＿＿＿＿ 的剪髮技藝，在美髮界闖出了
   名聲。

4. 一連串的失意事件，讓我看見美食都 ＿＿＿＿＿＿＿＿＿＿。

5. 聽到四甲班奪得啦啦隊比賽冠軍，我和同學無不 ＿＿＿＿＿＿＿＿
   ＿＿＿＿＿＿。

6. 這位男歌星唱歌 ＿＿＿＿＿＿＿＿＿＿，讓人念念不忘。

7. 小明常常說話 ＿＿＿＿＿＿＿＿＿＿，讓人聽了十分難受。

8. 他花盡家財，勞心勞力照顧被遺棄的動物，實在 ＿＿＿＿＿＿＿＿
   ＿＿＿＿＿＿。

聰明的王戎

　　王戎是晉朝時涼州刺史王渾的兒子，他自小**聰明伶俐**，能夠把書籍文章倒背如流。他的智慧是有目共睹的，聰明事跡也相當多。

　　有次，在一個風和日麗的日子，王戎和其他小朋友一起到郊外遊玩。突然，他們看見路邊有棵結滿李子的樹。

　　「既然這樹沒有主人，我們就**光明正大**地摘吧！哈哈！」一個孩童說完後，大家紛紛爬上樹。

　　「王戎快上來啊！這裏有很多李子！」樹上的孩童對着王戎大喊，但王戎始終沒有動心。

成語自學角

聰明伶俐： 形容人頭腦機智、活潑且乖巧。

倒背如流： 把書或文章倒過來背，也能背得像流水一樣的流暢。形容背得非常熟練、記得非常牢。

有目共睹： 表示事情為眾人所知，即人人都明白的。

風和日麗： 天氣晴朗，好風和順。形容晴朗的天氣。

光明正大： 指人心地坦蕩，行為正直，沒甚麼好遮掩的。

一位男童**百思不解**，問：「奇怪，你怎麼不上來？」

王戎**不疾不徐**地說：「這李子一定不好吃！」

大家聽了，一片喧譁：「怎麼可能呢？」

眼看着又大又美的李子**唾手可得**，大家哪會理會王戎的話？他們依然自顧自地摘果子。

樹上的孩童摘完李子，相繼爬下來。他們嚐完手中的李子**大失所望**，紛紛說：「噁！好苦喔！」「好酸喔！」

百思不解：經過反覆思考，仍然無法理解。

不疾不徐：不快不慢。形容能掌握事情的適當節奏。

唾手可得：唾手，往手上吐唾沫。形容非常容易得到。

大失所望：希望完全落空。形容非常失望。

　　王戎笑着說：「路旁的李子樹長滿了果實，但卻沒有人摘，可見李子一定是苦的！否則早被摘光了啊！」

　　「原來如此！」孩童聽了王戎的話**豁然大悟**，個個都稱讚他**聰明絕頂**。成語「道旁苦李」就是出自這個故事，比喻被人遺棄、不受重視的事物或人。

🐝 成語自學角

豁然大悟：一下子開通明白了某個道理。

聰明絕頂：絕頂，超羣的。形容人極其聰明，無人能比。

思考園地

王戎善於觀察和動腦筋，從而推斷路邊李子是苦的，這對你有甚麼啟發嗎？

成語練功房

寫一寫

試從這個故事所學的成語中，選擇最適當的填寫在橫線上。

1. 家境富裕的他竟然去超級市場偷竊，真是令人 ＿＿＿＿＿＿＿＿＿＿＿。

2. 今天 ＿＿＿＿＿＿＿＿＿＿＿，我們到海邊戲水吧！

3. 天下沒有 ＿＿＿＿＿＿＿＿＿＿ 的收穫！唯有辛勤工作，才有豐盈的收穫。

4. 小如能把整本《三字經》＿＿＿＿＿＿＿＿＿＿，十分厲害！

5. ＿＿＿＿＿＿＿＿＿＿ 的小美，無論成績、口才或態度，都令人稱讚。

6. 我做事向來 ＿＿＿＿＿＿＿＿＿＿，不怕你們造謠中傷。

7. 家麗 ＿＿＿＿＿＿＿＿＿＿ 地走上表演台，一點也不緊張。

8. 弟弟竟然為了買玩具偷媽媽的錢，令我們 ＿＿＿＿＿＿＿＿＿＿。

古代的萬人迷帥哥

　　中國古代有四大美女：貂蟬、西施、楊貴妃、王昭君，她們美貌出眾，有「**沉魚落雁**之容，**閉月羞花**之貌」的美譽，令君王也着迷呢！

　　然而，不只美人令人喜愛，男子也是喔！

　　西晉有位**赫赫有名**的美男子潘安，是古代**數一數二**的大帥哥。每次他走過的地方，必定**人山人海**！

🐝 成語自學角

沉魚落雁：魚、鳥看見美女自愧不如，趕緊潛水高飛。形容女子容貌極美麗。

閉月羞花：指女子的美貌令月亮自覺比不上而躲起來，連花兒也感到羞愧。比喻女子極為美麗。

赫赫有名：相當的出名。

數一數二：指獨特突出或名列前茅。

人山人海：人羣如山海般眾多，無法估計。形容人聚集得很多。

潘安不但容貌俊帥，而且**學富五車**，這樣一個**才貌雙全**的男子，自然吸引許多姑娘的傾慕。

潘安每次外出，就像超級巨星出現，吸引不少姑娘手牽手圍着馬車。有人**情不自禁**地追逐、有人朝馬車投擲鮮花或水果表達愛慕，只要他一出門，一定**滿載而歸**。成語「擲果盈車」就是出自這裏，形容男子貌美，而受到婦女愛慕的情形。

除了潘安，還有不少男子也相當受女子喜愛，其中一位是春秋時晉國的重耳。

重耳的父親晉獻公年老的時候，寵愛妃子驪姬。驪姬想把自己的兒子立為太子，將原來的太子害死。獻公的另外兩個兒子重耳和夷吾感到危機**迫在眉睫**，為了保存性命，便逃到別的國家避難。

學富五車：讀過的書可以裝滿五大車。形容人書讀很多，學識廣博。

才貌雙全：才華和容貌皆出眾。

情不自禁：感情激動得沒有辦法控制、忍不住。

滿載而歸：裝得滿滿的回來。比喻收穫極多。

迫在眉睫：形容事情急迫。

　　重耳逃亡在外，**顛沛流離**了十九年，才重返晉國，其間有七個女子嫁了給他。這樣說起來，你認為潘安和重耳誰才是萬人迷呢？

🐝 成語自學角

顛沛流離：形容生活困迫不安，四處流浪。

你有試過或看見別人「追星」嗎？當時的情況是怎樣的？你有甚麼感想？

思考園地

成語練功房

寫一寫

分辨以下成語中哪些是形容男子和女子的外貌，把英文字母填寫在適當的方框內。

成語

A. 國色天香　　B. 玉樹臨風　　C. 沉魚落雁　　D. 傅粉何郎

E. 花容月貌　　F. 美如冠玉　　G. 城北徐公　　H. 百媚千嬌

I. 閉月羞花　　J. 擲果潘安　　K. 絕代佳人　　L. 一顧傾城

M. 出水芙蓉　　N. 一表人才　　O. 秀色可餐

形容男子外貌

形容女子外貌

洛陽紙貴

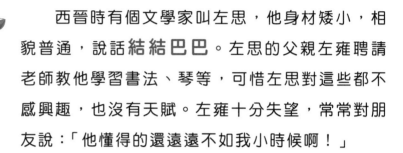

西晉時有個文學家叫左思，他身材矮小，相貌普通，說話結結巴巴。左思的父親左雍聘請老師教他學習書法、琴等，可惜左思對這些都不感興趣，也沒有天賦。左雍十分失望，常常對朋友說：「他懂得的還遠遠不如我小時候啊！」

儘管不受重視，左思卻沒有心灰意冷，反而發憤圖強，決心要做出一番事業。他喜愛寫作，文筆出眾。在他讀過班固寫的《兩都賦》和張衡寫的《二京賦》後，雖然很佩服文中華麗的詞彙，卻認為華而不實。從此，他決心依據事實，寫出一篇關於魏、蜀、吳三國都城和歷史的文章，即《三都賦》。

🐝 成語自學角

結結巴巴：形容說話不流利。

心灰意冷：心情失望，意志消沉。

發憤圖強：圖，指謀求。下定決心，努力變得更強盛。

華而不實：華，古「花」字，指開花。光開花不結果。後用來比喻外表好看，內容空虛不切實際。

　　左思收集了大量的歷史地理、物產風俗等資料，又經常請教別人和翻閱書籍，作為寫作的材料。他整整耗費了十年時間，才完成這部巨著。

　　《三都賦》完成後並未得到重視，但左思對自己多年的心血很有信心。他拿着《三都賦》去拜訪著名學者皇甫謐，對方讀過後**愛不釋手**，噴噴稱奇道：「寫得太好了！」並為左思寫了一篇序。後來，一些文人學者也為《三都賦》作注釋和略解，令這篇文章很快在京城流傳開來。人們趨之若鶩，爭相傳抄、閱讀，造成洛陽的紙**供不應求**，價格飛快上漲。後人便用「洛陽紙貴」，稱讚作品深受羣眾喜愛，十分暢銷。

愛不釋手： 喜愛得捨不得放手。

噴噴稱奇： 對事物表示驚奇、讚歎。

趨之若鶩： 鶩，鴨子。像鴨子一樣成羣跑過去。比喻前往趨附的人極多，　　　　　競相爭逐某些事物或目標。

供不應求： 供應的數量不能滿足需求。

　　起初，文學家陸機也打算創作《三都賦》，聽說左思正在寫，嘲笑說：「這個**無名小卒**竟然想作《三都賦》，真是**不自量力**！」等到左思完成作品，陸機讀後讚不絕口，認為自己不能超越他，於是停筆不寫了。

　　俗話說：**有志竟成**！左思憑着堅定的信念和毅力，創作了**名垂千古**的文學巨作，也證明了自己的實力。

🐝 成語自學角

無名小卒：卒，小兵。比喻沒有名望或地位的人。

不自量力：自己不知衡量自己的能力。指過於高估自己的實力。

有志竟成：立定志向去做，就一定會成功。

名垂千古：形容好名聲永遠流傳。

思考園地

讀過左思的事跡後，有沒有令你想起一些很想達成的目標呢？

成語練功房

寫一寫

試從這個故事所學的成語中，選擇最適當的填寫在橫線上。

1. 小莊上台演講，因為過於緊張，導致說話 ＿＿＿＿＿＿＿＿＿＿＿。

2. 雖然王大哥年輕時遊手好閒，但他後來 ＿＿＿＿＿＿＿＿＿＿＿，做了一番大事業。

3. 雕刻家能把一整篇文章，雕刻在小小的米粒上，令人 ＿＿＿＿＿＿＿＿＿＿＿＿＿。

4. 當年還是 ＿＿＿＿＿＿＿＿＿＿ 的父親辛苦創業，現在已經事業有成。

5. 這部電話外型美觀，卻老是故障，真是 ＿＿＿＿＿＿＿＿＿＿＿。

6. 這家甜品店的千層蛋糕好看又好吃，每天都 ＿＿＿＿＿＿＿＿＿。

7. 這本書內容充實，圖畫精美，令人 ＿＿＿＿＿＿＿＿＿。

8. 這間酒樓推出「一元一隻雞」的宣傳，令許多顧客 ＿＿＿＿＿＿＿＿＿＿＿，紛紛排隊光顧。

劉伯溫藏寶

劉伯溫是明朝的開國軍師，**功高德重**的他，經常收到明太祖朱元璋的獎賞。劉伯溫不將錢財留給自己的子孫，而是以詩歌暗語的方式，讓有緣人前去取財。

他把一首詩刻在山溪巖壁上：

上五里，下五里，

若要金銀竹橋裏。

巖壁旁有座竹橋，橋的對面有座小廟。附近**山明水秀**，寧靜清幽，適合**尋幽訪勝**。

但自從這首詩流傳開來後，尋寶者爭相到來，當地成了遊客**川流不息**的觀光景點。人人無不想找出竹橋內的寶物，把橋拆了又建、建了又拆，再多人出動，依舊徒勞無功。

🐝 成語自學角

功高德重：功業偉大，德望威重。

山明水秀：形容山水秀麗，風景美麗。

尋幽訪勝：到環境幽靜或風景美麗的地方遊覽。

川流不息：川，河流。息，止。像河水般奔流不停。形容行人、車馬往來不斷。

　　一天，有個**一貧如洗**，但滿腹經綸的秀才，進京趕考路過。他停在溪旁飲水止渴，抬起頭來時，剛好望見巖壁上的詩。他看着那首詩若有所思，再環顧四周，看到橋對面的小廟時便明白過來，詩的謎底呼之欲出。

　　秀才立即朝小廟走去。他拜見住持，將詩謎**一語道破**：「竹與燭同音，國師將寶物藏在這座廟中。」大家都驚呆了。

一貧如洗：貧窮得像被水洗過。比喻極貧窮。

滿腹經綸：形容才識豐富，具有處理大事的才能。

若有所思：若，好像。好像在思考着甚麼。

呼之欲出：形容人事物即將揭曉。

一語道破：一句話就把用意說破。比喻說話精當，一句話就能掌握重點，解開疑點，或指說破了某人的祕密。

　　秀才看了看四周，發現一座燒燭用的小燭橋。燭橋沉重無比，經過了多年的煙熏火燎，已看不出它的**本來面目**，經過秀才近兩個時辰的擦拭，方顯出了金光閃閃的真容。

　　後來秀才考取了功名，為官清廉，晚年也學習劉伯温的助人之道，在他的家鄉設立獎項，獎勵貧窮而上進的人。

成語自學角

本來面目：指事物原本的樣子，或人固有的心性。

金光閃閃：光芒燦爛奪目的樣子。

思考園地

你認為故事中的貧窮秀才值得擁有寶藏嗎？為甚麼？

成語練功房

寫一寫

試從這個故事所學的成語中，選擇最適當的填寫在橫線上。

1. 她靜靜地在坐在一旁，＿＿＿＿＿＿＿＿＿＿ 地看着窗外。

2. 這個地方 ＿＿＿＿＿＿＿＿＿＿，景色迷人，所產的桃子更是甜美多汁。

3. 每逢長假期，各個遊樂場所熱鬧滾滾，人潮 ＿＿＿＿＿＿＿＿。

4. 爸爸帶我們一家前往郊外 ＿＿＿＿＿＿＿＿＿＿，展開一場冒險之旅。

5. 兇手究竟是誰，在這集的劇情中，答案 ＿＿＿＿＿＿＿＿＿＿。

6. 爸爸看姐姐神色有異，＿＿＿＿＿＿＿＿＿＿ 她的心事。

7. 小美今天特別打扮過，她頭上的皇冠
＿＿＿＿＿＿＿＿＿＿，耀眼奪目！

最後一片葉子

　　喬喬和蘇蘇是兩個貧窮的年輕畫家，她們對藝術和生活的愛好一致，於是合租了一間畫室，兩人住在一起。有天喬喬染上重病，**回天乏術**。醫生說：「如果喬喬堅持到底，也許會出現奇跡。」蘇蘇一直照顧喬喬，又不斷鼓勵她。

　　有天，躺在牀上的喬喬望着窗外，**有氣無力**地唸着：「十二、十一、十、九……」蘇蘇問她這是怎麼回事。

　　「你看，樹上的葉子只剩下五片，等到葉子掉光的那一天，我也要走了。想要跟命運搏鬥，真是**螳臂當車**！蘇蘇，如果我有個**三長兩短**……」喬喬歎了口長長的氣。

🐝 成語自學角

回天乏術：比喻病情或情況非常嚴重，已經到了無法挽救的地步。

有氣無力：形容氣力衰弱，精神疲憊，好像沒有力氣。

螳臂當車：指螳螂立於車道中，舉起雙臂，妄想要阻擋車子前進。比喻不自量力。

三長兩短：比喻意外的變故，一般多指意外死亡。

「你多休息，不要**胡思亂想**。」蘇蘇說。

喬喬閉上眼睛，**昏昏沉沉**地睡着了。

樓下住着一個老畫家，他告訴蘇蘇：「等哪天我畫出傑作，**一舉成名**，有了錢，我們就搬去好一點的房子。」

蘇蘇提到那些葉子說：「唉！喬喬每天看着對面牆外的老樹，她相信老樹的葉子落光後，她就會離開人間。」

這時，兩人望向窗外，樹葉被風吹得發抖。他們不約而同地想：氣象報告說，今晚會颳起大風雨，那五片葉子一定會掉光的！兩人為此**憂心如焚**。

第二天早上，蘇蘇前去探望喬喬，發現喬喬醒了，而且**生氣勃勃**地對她說：「牆上還剩下一片葉子呢！我就像那片葉子一樣，是風雨打不倒的！」蘇蘇望向窗外，果然那片葉子還屹立不搖呢！

胡思亂想：沒有事實根據，胡亂地猜想。
昏昏沉沉：形容人昏迷不清醒的樣子。
一舉成名：舊指一次科舉便登第成名。今指做成一件事就因此聲名遠播。
憂心如焚：內心憂慮有如火在焚燒。比喻非常焦慮不安。
生氣勃勃：勃勃，旺盛的樣子。形容充滿生命活力、朝氣蓬勃。

　　後來她們才知道，原來那片**栩栩如生**的葉子，是當老畫家發現最後一片葉子掉落，趕快冒着風雨出門，爬上高梯在牆上畫的！而老畫家也因此感染重病，**與世長辭**了。他用畫筆為喬喬畫出了一個希望，也畫出一段感人的故事……

成語自學角

栩栩如生：栩栩，形容生動活潑的樣子。生，活的。形容非常生動逼真，好像活的一樣。

與世長辭：去世，永遠離開人世。

思考園地

這個故事裏有不少動人的情節，例如蘇蘇和喬喬的友情、老畫家的犧牲精神等。你對哪段情節有深刻的感受？為甚麼？

成語練功房

寫一寫

試從這個故事所學的成語中，選擇最適當的填寫在橫線上。

1. 他憑着那幅畫 ＿＿＿＿＿＿＿＿＿＿，成為國際知名的畫家。

2. 哥哥到深夜還沒回家，媽媽 ＿＿＿＿＿＿＿＿＿。

3. 我吃了感冒藥後，整個人 ＿＿＿＿＿＿＿＿，一躺上牀就睡着了。

4. 展覽館的恐龍雕像 ＿＿＿＿＿＿＿＿，許多小孩子連連驚呼。

5. 花園裏百花盛開，蝶蝴到處飛舞，一片 ＿＿＿＿＿＿＿＿ 的景象。

6. 奶奶才剛痊癒，身體還很虛弱，說起話來仍然 ＿＿＿＿＿＿＿＿。

7. 他想以一人之力阻擋幾個賊人離開，無疑是 ＿＿＿＿＿＿＿＿。

8. 唐代詩人李白的死因有很多說法，有指他酒喝得太多，不小心跌進水裏而 ＿＿＿＿＿＿＿＿。

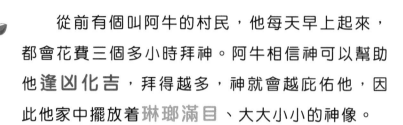

多拜多保佑

　　從前有個叫阿牛的村民，他每天早上起來，都會花費三個多小時拜神。阿牛相信神可以幫助他**逢凶化吉**，拜得越多，神就會越庇佑他，因此他家中擺放着**琳瑯滿目**、大大小小的神像。

　　有天，村長通知村民：「因為連日大雨，水道淤塞，很可能造成洪水暴發！大家快收拾財物暫時離開村子，以免人命傷亡。」大部分村民都照指示做，只有一部分村民不願離去。阿牛更笑說：「我才不怕，因為我每天誠心拜神，神一定會保佑我，我決定不離開村子。」

　　終於，洪水**一發不可收拾**，村中所有出路都淹沒了。眼看**大難臨頭**，來不及離去的村民紛紛爬到屋頂求救。然而阿牛卻**正襟危坐**，合掌祈禱，不見一絲慌亂。

成語自學角

逢凶化吉：遇到凶險，而能安然地度過。

琳瑯滿目：琳瑯，指美玉。形容滿眼所見都是珍奇美好的東西。

一發不可收拾：一經發生，就很難制止或處理。

大難臨頭：大災禍降臨身上。

正襟危坐：整理衣冠，端正嚴肅地坐着。

　　就在此時，有一家人乘着木筏經過，叫阿牛跟他們走，阿牛不為所動。不久，有一根大樹幹漂到他面前，他也不跳上去。過了幾小時，漂來一隻大木桶，阿牛仍**視若無睹**，只是口中唸唸有詞，祈求上天幫忙。

　　到了最後，阿牛被洪水淹沒，**一命嗚呼**。他的靈魂遇到他最敬重的神，於是**氣急敗壞**地**破口大罵**：「神啊！我每

視若無睹： 雖然看見了，卻像沒有看見一樣。指對眼前事物毫不關心。

一命嗚呼： 嗚呼，感歎詞。指生命瞬間消失，死亡。

氣急敗壞： 上氣不接下氣，狼狽不堪的模樣。常用以形容慌張或惱怒的模樣。

破口大罵： 口出惡語，大聲罵人。

天**心虔志誠**地拜你，你竟然**不顧死活**，讓洪水把我淹死，這是為甚麼？」

　　神聽了他的話，無奈地說：「阿牛，是你害我**枉費心機**啊！我派了木筏、大樹幹、木桶給你，你都沒有好好把握，我實在**愛莫能助**啊！」

🐝 成語自學角

心虔志誠： 虔，恭敬的意思。形容人心意恭敬、誠懇。

不顧死活： 連生死也不考慮了。形容拼命地去做，或不關心別人的事情。

枉費心機： 枉，白白地。指白白地浪費心思，徒勞無功。

愛莫能助： 雖然心中關切同情，卻沒有力量去幫助。

思考園地

你認為故事出現這樣的結局，是因為神不顧阿牛的死活，還是阿牛沒有好好把握機會？

成語練功房

說一說

試從這個故事中選取至少兩個成語，說說以下圖片內容。

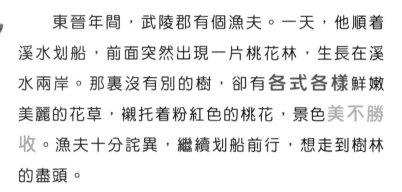

世外桃源

東晉年間，武陵郡有個漁夫。一天，他順着溪水划船，前面突然出現一片桃花林，生長在溪水兩岸。那裏沒有別的樹，卻有**各式各樣**鮮嫩美麗的花草，襯托着粉紅色的桃花，景色**美不勝收**。漁夫十分詫異，繼續划船前行，想走到樹林的盡頭。

樹林的盡頭有一座山，山中有個小洞，洞裏有點亮光。於是漁夫下了船，從洞口走進去。那個洞口很狹窄，只能讓一個人通過。漁夫走了幾十步，眼前**豁然開朗**，一片如詩如畫的天地出現在眼前！

漁夫**目不轉睛**地看着眼前的景色，一片寬廣的土地上，有一排排整齊的屋子，竹樹和桑樹隨風搖曳，肥沃的稻田裏長着金黃色的稻穗，大地開滿**五顏六色**的花朵，雞鳴狗叫到處可以聽

成語自學角

各式各樣：有許多不同的種類和樣式。

美不勝收：美好的東西太多，一時欣賞不完。

豁然開朗：眼前頓時變得開闊明亮。

目不轉睛：連眼珠都忘了轉動。形容看得很入神。

五顏六色：形容色彩繁多。

到。田間小路交錯相通，人們在田裏來來往往耕種。老人和小孩**滿面春風**，十分快樂的樣子。漁夫沒想到，山洞裏別有天地啊！

村民看見有陌生人走進來，大吃一驚！他們問漁夫是從哪裏來的，等漁夫說明一切，他們才放下戒心，說：「我們的祖先是為了逃避秦朝時的戰亂，才來到這個與世隔絕的地方生活。」他們問漁夫現在是甚麼朝代，漁夫告訴他們，從秦朝到漢朝，再由西晉來到東晉，過了好幾百年了。聽完以後，村民都感到驚奇。

熱情的村民邀請漁夫留下來，家家戶戶拿出豐富的飯菜來款待他。漁夫在桃花源過着**無憂無慮**的生活，他停留了幾天，便向村民

滿面春風：形容滿臉笑容、心情喜悅。
別有天地：形容另有一番美麗的風景。
大吃一驚：形容非常驚訝意外。
無憂無慮：心情愉快輕鬆，沒有憂愁。

告辭。離開之前，村民告訴他：「我們不希望現在的生活被破壞，請別將這裏的事情說出去。」漁夫答應了。

漁夫離開村子後，找到了他的船，就順着舊路回去，還處處做了標記。回到郡城後，他跟太守報告在桃花源的經歷。太守立刻派人尋找漁夫所做的標記，卻迷失了方向，再也找不到通往桃花源的路。

後來，許多人聽到這件事，**千方百計**尋找桃花源，卻怎麼也找不到這個世外桃源了。

成語自學角

千方百計：用盡各種方法。

世外桃源：桃源，即桃花源。形容一個清靜美好，與外界隔絕的世界。

思考園地

在現實生活中，你認為哪個地方同樣可稱為「世外桃源」？為甚麼？

成語練功房

說一說

假設你和好朋友在一次機緣巧合下，來到了桃花源。試運用想像力，還有在這個故事所學的成語，講述你們在桃花源的經歷和感受。

書上沒教的趕雞術

　　從前有個書呆子，他家的藏書**汗牛充棟**，他一天到晚就是待在家裏看書。

　　這天黃昏，他的妻子在田裏幹完活回家，見自家的雞還沒有歸窩，想到還要做飯，**分身乏術**，於是對丈夫說：「我們來分工合作。我做飯，你去幫我把雞趕進窩去。」

　　書呆子一聽，馬上放下書本，跑到外面去趕雞。

　　他一看到雞，連忙衝上去猛趕，結果雞見到他好像**驚弓之鳥**，嚇得亂竄。整個院子裏亂作一團，一片吵鬧。

🐝 成語自學角

汗牛充棟：運書時，牛累得流汗；書籍多得可堆至屋頂。形容藏書數量非常多。

分身乏術：比喻非常繁忙，沒有辦法再兼顧其他事情。

驚弓之鳥：曾受過箭傷，聽到了弓弦的聲音就驚懼的鳥。比喻曾受打擊或驚嚇，碰到一點動靜就害怕的人。

　　書呆子在北面擋住，雞就**爭先恐後**地朝南邊跑去；書呆子往南邊跑，雞又掉頭朝北跑。直到天黑了，還剩三隻沒有回窩。

　　妻子做好了飯，還不見丈夫趕雞回家，出屋一看，丈夫站在那裏望洋興歎，身上早已因為趕雞而汗流浹背。

　　妻子很生氣，對他說：「趕雞應該等雞安靜下來，再慢慢靠近牠們。如果牠們**驚惶失措**，你就**按兵不動**，扔點食物引

爭先恐後：搶着向前，唯恐落後。

望洋興歎：原指在偉大事物面前感歎自己的渺小。現多比喻做事時，因力不勝任而感到無可奈何。

汗流浹背：形容非常恐懼或害怕。現也形容流很多汗，背上的衣服都濕透了。

驚惶失措：由於驚慌，一下子不知怎麼辦才好。

按兵不動：暫時停止軍事行動，有觀望形勢的意思。後形容暫時不採取行動。

誘牠們，千萬不能**操之過急**。儘量把雞趕到牠們熟悉的路上，牠們自然而然就會直奔回窩了。」

書呆子**如夢初醒**：「想不到趕雞也有學問，怎麼書裏沒教呢？」

書呆子只知道書中的知識，但其實做任何事情都有方法，如果只會死讀書，又不懂得**學以致用**，那麼生活中很多事情都難以做好。趕雞就是一個例子。

🐝 成語自學角

操之過急：處理事情過於急躁。

如夢初醒：好像從睡夢中剛醒過來。比喻從錯誤、糊塗的認識中領悟道理。

學以致用：把學得的知識運用到實際生活或工作當中。

思考園地

除了課本外，我們還可以通過閱讀課外書、遊歷、參觀名勝古跡等途徑增進知識，你喜歡哪種學習方式？

成語練功房

寫一寫

試從這個故事所學的成語中，選擇最適當的填寫在橫線上。

1. 你想做好這件事，一定要有耐心，不能 ＿＿＿＿＿＿＿＿＿＿＿＿ 。

2. 正在午睡的小貓一聽到狗吠聲，就像 ＿＿＿＿＿＿＿＿＿＿＿ 那樣
   跳了起來。

3. 沒有接到出發的命令，所有士兵只能 ＿＿＿＿＿＿＿＿＿＿＿ 。

4. 夏天一到，只要站在太陽底下十分鐘，就會 ＿＿＿＿＿＿＿＿＿ 。

5. 媽媽又要工作，又要照顧家庭，常常感到 ＿＿＿＿＿＿＿＿＿ 。

6. 我不是超人，面對這麼多的工作，也只能 ＿＿＿＿＿＿＿＿ 。

7. 地震發生後，大家 ＿＿＿＿＿＿＿＿＿ ，並 ＿＿＿＿＿＿＿＿＿ 地
   往外逃生。

大嗓門的弟子

公孫龍**博學多聞**，他手下有不少弟子，各有**看家本領**。有個年輕人聽說了公孫龍，前來請求他收自己為弟子。

公孫龍看他既非**三頭六臂**，又穿着普通，好奇地問：「你有甚麼本領？我**洗耳恭聽**。」

🐝 成語自學角

博學多聞：學識廣博，見聞豐富。

看家本領：指特別擅長的技能。

三頭六臂：三個腦袋，六條胳臂。原為一種天神的長相，後用來比喻本領大。

洗耳恭聽：形容專心恭敬地傾聽別人說話。

年輕人說：「我有一副好嗓門，能喊出很大的聲音。」

其他弟子**不屑一顧**說：「這種雕蟲小技有甚麼好誇口的！我們也可以喊得很大聲啊！」

年輕人振振有辭說：「我所謂的大聲，不是一般人可以比得上。是非常、非常、非常大聲！」

公孫龍把年輕人收留了下來，認為這項才能或有用處，可是其他弟子卻**不以為然**。他們想：哼！喊得大聲有甚麼了不起呢？跟我們比起來差得遠呢！

不久，公孫龍帶着弟子到燕國去。他們來到一條大河，一羣人對着對岸的小船**大聲疾呼**，船夫卻怎麼也聽不見。

不屑一顧：形容對某事物異常地鄙視，認為連看一眼都不值得。比喻極輕視、瞧不起。

雕蟲小技：原指像小孩學習雕刻、蟲書一樣，只是小技巧而已。後用來比喻微不足道的技能。

振振有辭：自以為有理地說個不停的樣子。

不以為然：不贊成或不支持別人的意見，表示不認同。

大聲疾呼：急促而大聲的呼喊，以引起注意。亦比喻大力提倡、號召。

　　只見新弟子**不慌不忙**地走上前，雙手合成喇叭狀，大喊：「喂！我們要坐船……」喊聲亮如洪鐘。

　　很快地，小船划了過來。那些弟子不禁對年輕人**刮目相看**，大家對他的「獅吼功」佩服得**五體投地**。

　　這個故事告訴我們，小本領也有用處，我們不應該瞧不起。在關鍵時刻，小本領也能發揮大作用。

🐝 成語自學角

不慌不忙：形容態度鎮定，或辦事穩重、踏實。

刮目相看：指將舊有的認識刮除，用新的眼光重新看待。

五體投地：印度古時候最恭敬的致敬儀式，即雙膝、雙肘和頭五個部位着地。比喻佩服到了極點。

思考園地

你有甚麼看家本領？這些本領能發揮甚麼作用？

成語練功房
寫一寫

試從這個故事所學的成語中，選擇最適當的填寫在橫線上。

1. 就算你有 ＿＿＿＿＿＿＿＿＿＿＿＿＿，也過不了這次的難關。

2. 他力大無窮，能一手舉起單車，大家都佩服得 ＿＿＿＿＿＿＿＿＿。

3. 這場體操比賽中，參加者紛紛使出 ＿＿＿＿＿＿＿＿＿＿，十分精彩。

4. 短短一個月，弟弟的數學成績就進步了二十分，令人 ＿＿＿＿＿＿＿＿＿＿＿＿＿。

5. 你特地來找我，一定有很重要的事，我 ＿＿＿＿＿＿＿＿＿＿。

6. 這個魔術表演對他來說不過是 ＿＿＿＿＿＿＿＿＿＿，沒有甚麼了不起。

7. 不管時間有多緊急，阿華做事一向都是 ＿＿＿＿＿＿＿＿＿ 的樣子。

8. 爸爸 ＿＿＿＿＿＿＿＿＿＿＿＿，我和弟弟遇到任何問題都會向他請教。

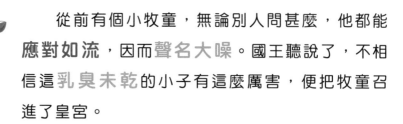

國王的三個難題

從前有個小牧童，無論別人問甚麼，他都能**應對如流**，因而**聲名大噪**。國王聽說了，不相信這**乳臭未乾**的小子有這麼厲害，便把牧童召進了皇宮。

國王對他說：「如果你能回答我三個問題，我就認你做兒子，和我一起住在皇宮，一生有享受不盡的**榮華富貴**，如何？」

牧童**不假思索**就答應，說：「請問吧！」

國王說：「第一個問題，大海有多少滴水？」

小牧童**胸有成竹**地回答：「陛下，請您下令把世上所有河流都堵起來，等我數完才放水，我將告訴您有多少水。」

成語自學角

應對如流：形容答話很快，非常流利。

聲名大噪：聲譽和名望大為提高。

乳臭未乾：嘴裏還有奶腥味。譏諷人年紀輕，沒有經驗和能力。

榮華富貴：形容財多勢大，權重位顯。

不假思索：假，憑藉、依靠。指不用思考就做出反應。

國王又說：「第二個問題，天上有多少顆星星？」

牧童拿一張大白紙，用筆在上面戳了 **不計其數** 的細點。任何人盯着看，一定會 **眼花繚亂**。隨後牧童氣定神閒地說：「天上的星星跟這張紙上的點一樣多，請數數吧！」但怎可能數得清呢？

國王只好又問：「永恆有多少秒鐘？」他心想，你總該 **知難而退** 了吧！

只見牧童悠悠地回答：「在後波美拉尼亞有座鑽石山，它有兩英里高、兩英里寬、兩英里深。每隔一百年有一隻鳥飛來，用牠的嘴啄山，等整座山都被啄掉時，永恆的第一秒就結束了。」

胸有成竹：原指畫竹子要先在心裏有竹子的完整形象。後比喻在做事之前，已經拿定主意。

不計其數：形容人或事物很多。

眼花繚亂：形容眼睛昏花，感到心緒迷亂。

知難而退：原指作戰遇到形勢不利就要退兵。後泛指知道事情困難就伺機退卻或退縮不前。

　　這小子果真**不同凡響**！國王**心悅誠服**地說：「你像智者一樣解答了我心中**懸而未決**的三個問題，從今以後，我就把你當作親生兒子啊！」

🐝 成語自學角

不同凡響：原指不平凡的音樂。後用來比喻突出、不平凡的人或事物。

心悅誠服：由衷地高興，真心地服氣。指真誠地佩服或服從。

懸而未決：暫時擱置、延後還未解決。

思考園地

假如你是小牧童，有天國王忽然想到第四個難題：「我有多少年壽命？」你會怎樣回答而不得罪國王？

成語練功房

寫一寫

試從這個故事所學的成語中，選擇最適當的填寫在橫線上。

1. 愛迪生因發明了電燈而 _____。

2. 天上的星星 _____，閃爍動人。

3. 小明的成績很好，對老師提的問題都能 _____。

4. 你能夠打敗所有參賽者，真是讓我 _____。

5. 這次繪畫比賽看到小明 _____ 的樣子，我知道他
   一定下了很多苦功。

6. 他一開口唱歌便 _____！那聲音婉轉動聽，讓人
   沉醉。

7. 看到考卷上密密麻麻的題目，我已經 _____ 了。

8. 劉先生雖然過着 _____ 的生活，但他常常捐款助
   人，熱心公益。

好好先生

東漢末年有個人叫司馬徽，字德操。他博學多才、精通兵法、經學等，而且有辨別人才的能力，人稱「水鏡先生」。司馬徽還有一個別號叫「好好先生」，你知道這個名字的由來嗎？

司馬徽有如**閒雲野鶴**，素來**與世無爭**。他不喜歡談論別人的短處，跟人說話，不論好事壞事，他的回答**千篇一律**都是「好！好！好！」。他從不發表真正的意見，大家對此已**司空見慣**。因此司馬徽沒有得罪過人。

一次，有人問司馬徽是否平安，他回答：「好。」

成語自學角

閒雲野鶴：閒，無拘束。飄浮的雲，野生的鶴。比喻來去自如、無所羈絆的人。

與世無爭：不跟社會上的人發生爭執。

千篇一律：指文章公式化。也比喻辦事按固定格式，非常機械化。

司空見慣：指某事經常看見，不足為奇。

又一次，有人向司馬徽訴說自己的兒子**溘然長逝**，他**一如既往**地回答：「很好。」

司馬徽的妻子責備他說：「人家是認為你有德行，所以才把事情告訴你，希望能聽見不同的見解，你怎麼可以一概都說好？現在人家面對**天人路隔**的喪事，告訴你傷心事，你不安慰就算了，怎麼還說好呢？」

司馬徽**心平氣和**地說：「像你說的這些話，也很好呀！」

妻子聽了，**啼笑皆非**，不曉得該說甚麼才好。

溘然長逝：溘然，突然的意思。突然去世。

一如既往：和過去完全一樣。

天人路隔：天上和人間無路相通。比喻生離死別，無法相會。

心平氣和：心情平靜，態度溫和。不急躁，也不生氣。

啼笑皆非：哭也不是，笑也不是，不知如何才好。形容處境尷尬或既令人難受又令人發笑的行為。

　　後人便將一心討好每個人，處事**八面玲瓏**，只會說「好！好！好！」的人，引申稱為「好好先生」。

　　待人貴在真誠、**吐膽傾心**。如果有人不說**由衷之言**，只會一味地迎合奉承；當你有缺失時，他又**不聞不問**，這樣的朋友還值得深交的嗎？

成語自學角

八面玲瓏：原本形容屋子四面八方敞亮通明。後來形容待人處事的手段圓滑、巧妙。

吐膽傾心：說出了心裏真正的話。比喻真誠以待。

由衷之言：發自內心，真誠的話。

不聞不問：置身事外，漠不關心。

思考園地

你認為怎樣的朋友值得深交？怎樣的朋友應該遠離？

成語練功房

寫一寫

試從這個故事所學的成語中，選擇最適當的填寫在橫線上。

1. 小英個性 ＿＿＿＿＿＿＿＿＿＿＿ ，跟每個人的關係都很好。

2. 班長個性冷靜，其他人慌亂的時候，只有他能夠 ＿＿＿＿＿＿＿＿＿

   地把事情做完。

3. 叔叔不貪財富，是個 ＿＿＿＿＿＿＿＿＿＿ 的人。

4. 你寫的作文老是 ＿＿＿＿＿＿＿＿＿ ，一點創意都沒有。

5. 一聽到爺爺 ＿＿＿＿＿＿＿＿＿＿ 的消息，大家都很震驚難過。

6. 家人一想到和老狗皮皮 ＿＿＿＿＿＿＿＿＿＿ ，忍不住掉下淚來。

7. 曉華跌倒在地，路人卻 ＿＿＿＿＿＿＿＿＿＿ ，沒有人幫助她。

8. 早上的菜市場 ＿＿＿＿＿＿＿＿＿＿ 人來人往，非常熱鬧。

門可羅雀

　　漢朝有位大臣，名叫翟公。當他受到漢武帝的賞識，擔任高官的時候，來拜訪的人**絡繹不絕**，把他家的門擠得水泄不通。後來，翟公被漢武帝革職了。

　　翟公罷官回家以後，每天**百無聊賴**，清晨起來便打掃院子。當他看到前一晚被風吹落的滿地黃葉，內心不禁**感慨萬千**。

　　他到院子裏整理花木，看到從前馬車輾過的車痕都長滿了青苔，許多麻雀在那裏找尋食物。翟公忍不住感傷地說：「從前我受朝廷重用時，家裏**無時無刻**不**高朋滿座**；誰知道現在連個

🐝 成語自學角

絡繹不絕：絡繹，往來不絕、相連不斷。形容連續不斷的樣子。

百無聊賴：非常無聊。指無事可做，或思想感情沒有寄託。

感慨萬千：指因外界事物變化大而引起許多感想、感觸。

無時無刻：沒有時刻。

高朋滿座：高，高貴。高貴的朋友坐滿了席位。形容賓客很多的樣子。

一官半職都沒了，那些人也跟着銷聲匿跡。唉！庭院冷冷清清，和昔日的擁擠**不可同日而語**。現在**門可羅雀**，如果想抓麻雀，張開網子，一天不知道可以捉到幾百隻呢！」

不久，漢武帝又重新找翟公回來做官。許多人聽到這個消息，又坐着馬車，急忙趕來拜訪。

一官半職：指低微的官職地位。

銷聲匿跡：不公開講話，不出頭露面。形容隱藏起來，不再出現。

冷冷清清：形容環境寂靜、蕭條；或指寂寞、孤單。

不可同日而語：差別很大，不能相提並論。

門可羅雀：門前冷清，空曠得可以張網捕麻雀。形容做官的人失勢後賓客稀少的景況。也可用以泛指一般來客稀少、門庭冷清的景況。

對這些只知 **趨炎附勢** 的人，翟公已經心灰意冷。他謝絕了所有的訪客，在門上用毛筆寫下這樣的字：

一死一生，乃知交情；

一貧一富，乃知交態；

一貴一賤，交情乃見。

這首詩的意思是，人只有到了生死關頭或貧富貴賤出現變化的時候，才能辨別出友情的真偽和深淺。

成語自學角

趨炎附勢：奉承和依附有權有勢的人。

當朋友有困難時，你會主動關心和幫助他／她嗎？為甚麼？

思考園地

成語練功房

寫一寫

試從這個故事所學的成語中，選擇最適當的填寫在橫線上。

1. 入夜後，街道 ＿＿＿＿＿＿＿＿＿＿＿，很多店鋪都關了門，四周無人。

2. 媽媽 ＿＿＿＿＿＿＿＿＿＿＿ 不呵護着我，讓我吃好穿好。

3. 祖父一提起病逝的祖母，就不禁 ＿＿＿＿＿＿＿＿＿＿＿。

4. 前往年宵市場的人 ＿＿＿＿＿＿＿＿＿＿＿，十分熱鬧。

5. 原來 ＿＿＿＿＿＿＿＿＿＿＿ 的火鍋店，經過整修後，生意日漸好轉。

6. 冬天來了，很多小動物都 ＿＿＿＿＿＿＿＿＿＿＿，有的飛到溫暖的
   地方過冬，有的躲進洞穴裏冬眠。

7. 日漸繁華的老街，跟昔日蕭條的景象相比，真是 ＿＿＿＿＿＿＿＿＿
   ＿＿＿＿＿＿＿。

8. 在 ＿＿＿＿＿＿＿＿＿＿＿ 的時候，我會看影片打發時間。

管仲與鮑叔牙

　　管仲和鮑叔牙是感情深厚、**志同道合**的好朋友，他們為人**津津樂道**的事跡**不勝枚舉**。

　　管仲和鮑叔牙一起做生意，鮑叔牙出的錢較多，賺的錢大多給管仲。管仲被派上戰場，卻**臨陣脫逃**，大家都嘲笑他貪生怕死，只有鮑叔牙沒有，因為他知道管仲家中還有年老的母親要奉養。

🐝 成語自學角

志同道合：兩人的興趣和理想都相同。

津津樂道：津津，有滋味或興趣濃厚的樣子。形容很有興味地談論。

不勝枚舉：指事情太多，不能一一列舉出來。

臨陣脫逃：軍人即將作戰時卻逃跑了。形容臨時退卻。

　　好幾次，管仲出的主意把事情辦糟了，鮑叔牙非但沒有**疾言厲色**地責怪，還安慰他：「這是時機不好，你別難過。」鮑叔牙認為不是管仲沒才能，而是沒有碰到賞識的伯樂。

　　後來，管仲和鮑叔牙各自輔佐一個公子。鮑叔牙侍奉的公子當上齊王，自己成為**舉足輕重**的政治家，管仲則變成了囚犯。齊王想讓鮑叔牙當丞相，幫助他治理國家。鮑叔牙卻認為自己沒有能力當丞相，反而推薦被囚禁的管仲。

　　鮑叔牙死後，管仲到他的墓前祭拜，內心**百感交集**，忍不住痛哭說：「當初我輔佐失敗，其他臣子都以死誓忠，我卻寧願被囚。所有人都恥笑我沒志氣，對我**嗤之以鼻**，只有鮑

疾言厲色：指說話又快又急迫，表情嚴厲。形容人生氣發怒的樣子。

舉足輕重：一抬起腳就會影響兩邊的輕重。形容一舉一動都有着重大的影響力，地位十分重要。

百感交集：各種感覺混雜在一起。形容思緒混亂，一時難以解釋清楚。

嗤之以鼻：嗤，譏笑。從鼻子裏發出哼哼冷笑聲，表示不屑、輕視。

叔牙知道，我是為了完成功名大業而**忍辱偷生**。生養我的是父母，但真正了解我的是鮑叔牙啊！」

後來人們常用「**管鮑之交**」，來形容自己與好朋友之間**堅定不移**的友誼。

🐝 成語自學角

忍辱偷生：受到羞辱也要忍着活下來。

管鮑之交：管仲和鮑叔牙相交至深。比喻友情深厚。

堅定不移：專一固定，一點也不會動搖。

思考園地

讀過這個故事，你有想起哪位好朋友嗎？你們之間最難忘的回憶是怎樣的？

成語練功房

寫一寫

試從這個故事所學的成語中，選擇最適當的填寫在橫線上，使短文內容完整。

　　黃伯伯和李伯伯相識了四十多年，感情深厚，說得上是

(1) ＿＿＿＿＿＿＿＿＿＿＿＿。他們年輕時 (2) ＿＿＿＿＿＿＿＿＿，因為喜

愛足球而成為好朋友，還夢想着要成為足球員。黃伯伯在一次意外中

雙腿受傷，不得不放棄成為足球員，李伯伯為了完成二人的共同夢想，

(3) ＿＿＿＿＿＿＿＿＿＿ 地奮鬥，最終夢想成真。時光匆匆，他們現在

都變成老年人了，但常常 (4) ＿＿＿＿＿＿＿＿＿ 地說起往事，有時談

起那件意外事件，也會 (5) ＿＿＿＿＿＿＿＿＿。

上行下效

一天，齊景公宴請一眾臣子喝酒。君臣舉杯同歡，**天南地北**無所不談。這時，有人提議比賽射箭。

齊景公拉開弓想**一展身手**，卻一次也沒射中，然而大臣卻**拍案叫絕**：「大王射得真好！」「就差那麼一點就**百發百中**啊！」「大王真厲害，令臣**甘拜下風**！」

🐝 成語自學角

天南地北：一在天之南，一在地之北。形容距離極遠。這裏比喻彼此間講話沒主題，無所不談。

一展身手：展露才藝技能。

拍案叫絕：拍桌子叫好，形容非常讚賞。

百發百中：形容技術高妙，能命中目標。或比喻做事有充分把握。

甘拜下風：表示真心地佩服，自認為能力不如對方。

　　景公聽了，大大地歎了口氣。景公對已故宰相晏嬰**念念不忘**，他跟臣子弦章說：「自從晏子逝世後，就再也沒有人敢犯顏苦諫了。剛才我明明射得一塌糊塗，可是他們卻讚不絕口！」

　　弦章聽了，說：「大臣不敢向您提意見，這是他們的勇氣不足。」弦章又說：「不過，這也許是您的問題。」

　　景公納悶地問：「怎麼說呢？」

　　「那我就**實話實說**了。我曾聽過一句話：**上行下效**。國君喜歡穿甚麼，臣子就學着穿甚麼樣的衣服；國君喜歡吃甚麼，臣子也學着吃甚麼東西。您想，是否因為晏子去世後，您不再喜歡聽人家批評，只喜歡聽好話所造成的呢？」

念念不忘：心裏時時刻刻惦記着。

犯顏苦諫：比喻相當忠心，敢於冒犯尊長或皇帝的威嚴，直接勸告。

一塌糊塗：塌，崩毀。形容事情混亂或敗壞到了不可收拾的程度。

實話實說：用直捷了當的方法講出真實情況。

上行下效：行，做。效，仿效。在上位的人怎麼做，在下位的人就照樣仿效。

齊景公點點頭說：「我明白了！今天你這番話教我茅塞頓開。我會好好檢討自己的缺失。」

原來，人和人之間的相處都是相對的。當你奇怪「為甚麼別人要這樣對我」時，不妨換個角度想一想，也許你在**有意無意**之間，透露出希望別人怎麼對待你的訊息喔！

成語自學角

有意無意：像是有意的，又像是無意的。

你希望別人怎樣對待你？公正、忠誠、公平、友善或是其他？試試以你希望別人對待你的方式來對待別人，看看會有甚麼效果。

思考園地

成語練功房

寫一寫

試從這個故事所學的成語中，選擇最適當的填寫在橫線上。

1. 我們一邊吃蛋糕，一邊 ＿＿＿＿＿＿＿＿＿＿ 地聊些閒話。

2. 祖母對家鄉的美食 ＿＿＿＿＿＿＿＿＿＿，常常說想回鄉。

3. 頑皮的弟弟，把我的房屋弄得 ＿＿＿＿＿＿＿＿＿＿。

4. 這幕舞蹈表演十分精彩，觀眾不禁 ＿＿＿＿＿＿＿＿＿＿。

5. 小健練習了很久，就是等着在這場比賽中 ＿＿＿＿＿＿＿＿＿＿。

6. 他的球技確實高明，我自愧不如，對他 ＿＿＿＿＿＿＿＿＿＿。

7. 既然你想知道原因，那我就 ＿＿＿＿＿＿＿＿＿＿ 了。

8. 那些射擊選手個個擁有 ＿＿＿＿＿＿＿＿＿＿ 的高超技術。

收不回的水

漢朝有個讀書人叫朱買臣，他家境貧窮，只靠砍柴維持生計。

朱買臣在砍柴的路上，也是**牛角掛書**，邊走邊讀。到了夜晚，他因為買不起燈油，只好燃燒有油脂的松枝苦讀。他的妻子受不了窮日子，哭着要求離開。

朱買臣安慰她：「雖然我們現在很窮，可是總有一天我會飛黃騰達，到時候就有享用不盡的財富了！你我同甘共苦這麼多年，就再多忍耐一些時候吧！」

妻子聽了生氣地說：「像你這種窮愁潦倒的**文弱書生**，不餓死就算幸運，哪還敢痴心妄想會發達？」

成語自學角

牛角掛書：古時候李密把書掛在牛角上，邊趕牛邊唸書。後用來比喻讀書勤奮，不懈怠。

飛黃騰達：比喻仕途得意，很快到達高位。

同甘共苦：甘，甜，歡樂的意思。比喻一同享受歡樂，一同承擔艱苦。

文弱書生：文弱，文雅而體弱。形容舉止動作文雅，身體柔弱的讀書人。

痴心妄想：脫離實際，一心想着不可能實現的事。

妻子堅持要離開，朱買臣怎麼勸都沒有用，只好讓她離開。

沒過幾年，朱買臣果然**金榜題名**，由於他德才兼備，還當上太守，在官場大紅大紫。朱買臣**衣錦還鄉**那天，縣令為了表示歡迎，命令老百姓把街道掃得**一塵不染**，並列隊迎接他。朱買臣的妻子也擠在人羣之中，當她看到朱買臣頭

金榜題名：榜，榜單，書寫錄取者的公告。比喻在考試或競試中，獲得錄取的資格。

德才兼備：比喻人有良好的品德，又有出眾的才能。

大紅大紫：形容聲名顯赫。

衣錦還鄉：穿了錦繡的衣服回到故鄉。形容人功成名就後就榮歸故鄉。

一塵不染：形容非常乾淨，一點灰塵也沒有。

戴烏紗帽，身穿顯赫官服，騎着駿馬，**八面威風**地走過來時，嚇了一跳，還要求朱買臣帶她回家。

朱買臣吩咐隨從端來一盆水，潑在地上，然後對妻子說：「我們的感情就像地上的水，再也收不回來了。」成語「**覆水難收**」就是形容被破壞過的感情已經難以彌補。

🐝 成語自學角

八面威風：指各方面都很威風的樣子。

覆水難收：形容倒在地上的水難以收回。比喻事情已成定局，無法挽回；或離異的夫妻很難再復合。

思考園地

你認為朱買臣的妻子有錯嗎？假如你是朱買臣，你會否原諒妻子？

成語練功房

寫一寫

試從這個故事所學的成語中，選擇最適當的填寫在橫線上。

1. 那位明星憑着英俊的臉孔和出色的演技，在演藝界 ＿＿＿＿＿＿＿＿＿＿ ＿＿＿＿＿＿。

2. 這件事已經到了 ＿＿＿＿＿＿＿＿＿ 的地步，你做再多也沒有用。

3. 那頭獅子 ＿＿＿＿＿＿＿＿＿ 地走來走去，好像自己是大草原的主人。

4. 萊特兄弟讓人類想飛的心願，不再是 ＿＿＿＿＿＿＿＿＿ 的願望。

5. 真摯的朋友貴在能 ＿＿＿＿＿＿＿＿＿，一同分享喜怒哀愁。

6. 我的家乾淨得 ＿＿＿＿＿＿＿＿＿，這是因為媽媽每天都會清潔打掃。

7. 恭喜你在這次考試 ＿＿＿＿＿＿＿＿＿，希望你繼續努力。

8. 考試即將到來，老師勉勵學生要抱持着 ＿＿＿＿＿＿＿＿＿ 的精神，努力到最後一刻。

害人的老鼠

有一次，齊景公和晏子在討論治國之道。齊景公問：「你認為治理一個國家，首先要除掉的禍患是甚麼？」

晏子回答：「土地廟裏的老鼠。」

齊景公不解地問：「老鼠？怎麼說？」

於是，晏子緩緩道來……

土地廟是用來供奉土地公，祈求人畜平安、**五穀豐登**的廟宇，因此在修建時十分用心。首先在四周用木條建成圍牆，然後蓋上屋頂，再抹上黃泥，使其牢固保暖。誰知老鼠竟成羣結隊地搬進去，牠們在廟內挖洞做窩，還偷吃供品，真是**膽大包天**！

成語自學角

五穀豐登：指收成好，糧食豐收。

膽大包天：膽量非常大，能把天包下。形容不顧一切，任意橫行。

　　人們恨透這些害人的老鼠，於是**集思廣益**，想方設法除掉牠們。他們想：如果用煙火去熏老鼠洞，可能會燒着圍牆的木條，使土地廟化成一片灰燼；如果用水去淹灌老鼠洞，又怕殃及池魚，浸脫了黃泥巴，使廟牆倒塌。由於人們**瞻前顧後**，**左右為難**，所以土地廟裏的老鼠不僅沒能消滅，反而越來越多，演變成老鼠橫行霸道的局面。

　　說到這裏，晏子打量了一下齊景公的臉色，只見他專心一意地聽着。晏子趁機勸諫說：「其實，國家裏也會有害人的

集思廣益：指集結眾人的智慧，廣泛吸收有益的意見。

想方設法：設想各種方法以達到目的。

殃及池魚：亦稱「城門失火，殃及池魚」，人們打水救火，令城門旁的水池乾涸，池中魚被連累受害。比喻無緣無故地遭受禍害。

瞻前顧後：瞻，向前看。顧，向後看。看看前面，又看看後面。形容做事之前考慮周密慎重；也形容顧慮太多，猶豫不決。

左右為難：形容無論怎樣做都有難處，不知下一步該怎麼辦。

老鼠，那就是國君所親信的小人！這些小人**曲意逢迎**，是為了尋求國君的庇護。而他們仗着權勢**作威作福**，搜刮百姓的**民脂民膏**，完全一副**目中無人**的態度。老百姓不敢抱怨，只有國君才有能力除掉這些老鼠般的小人啊！」

　　這番話聽得齊景公大感震撼，決定**勵精圖治**，清除身邊的小人。

🐝 成語自學角

曲意逢迎： 違反自己的心意，去奉承、討好別人。

作威作福： 憑藉職位，濫用權力。

民脂民膏： 比喻人民用血汗換來的財富。

目中無人： 形容驕傲自大，看不起人。

勵精圖治： 指發憤圖強、振作精神，設法管理整治好。

思考園地

晏子不直接叫齊景公除掉小人，而是先跟他說老鼠的比喻，這樣有甚麼好處？

成語練功房
寫一寫

試從這個故事所學的成語中，選擇最適當的填寫在橫線上。

1. 他做事 ＿＿＿＿＿＿＿＿＿＿＿＿，沒有堅定的信念，所以常常錯失良機。

2. 這個玩具很有趣，那個布偶很可愛，讓我 ＿＿＿＿＿＿＿＿＿＿＿＿，
   不知道該選哪一個。

3. 王偉向來 ＿＿＿＿＿＿＿＿＿＿＿＿，自以為了不起。

4. 小明看見阿龍在班上 ＿＿＿＿＿＿＿＿＿＿＿＿，欺負同學，決定告訴
   老師。

5. 今年的天氣穩定，農夫的收成不錯，是 ＿＿＿＿＿＿＿＿＿＿＿＿ 的
   一年。

6. 這件事我們要 ＿＿＿＿＿＿＿＿＿＿＿＿，多聽聽別人意見，說不定能
   找出解決的辦法。

愛聽好話的國君

虢國的國君平日**養尊處優**，喜歡聽好話，身邊圍滿 阿諛奉承 的小人。直至國家滅亡，那些小人溜的溜，最後只剩下一名忠心的車夫，載着他連夜逃出宮外。

半路上，國君又渴又餓，車夫趕緊送上食物。

國君吃飽後，好奇地問：「你怎會有這些食物呢？」

車夫回答說：「我是專門替大王您準備的，以便大王在逃亡的路上好充飢、解渴呀！」

國君不悅地問：「你早知我會逃亡？」

成語自學角

養尊處優：比喻生活在有人伺候、條件優裕的環境中。

阿諛奉承：說好聽的話討好他人。

車夫誠實回答：「大王只愛聽好話**自欺欺人**。許多臣子提出逆耳忠言，您卻當成馬耳東風，不但惹您生氣，更可能引來殺身之禍！這樣的國家，怎會**長治久安**？」

國君聽到這裏，氣憤地大吼大叫：「你**胡說八道**！」

車夫見狀，心想：這昏君真是**無可救藥**，大難臨頭還不知悔改，國家會滅亡根本是咎由自取。於是車夫連忙謝罪說：「大王息怒，是我說錯了。是因為大王您太仁慈賢明，其他國君嫉妒，才害您滅國的啊！」

自欺欺人：不但欺騙自己，也欺騙別人。

逆耳忠言：聽起來刺耳的話，其實是善意的好話。

馬耳東風：比喻把別人說的話當作沒聽見。

長治久安：國家太平、人民安樂。形容國家長期安定、鞏固。

胡說八道：沒有根據或沒有道理，就任意亂說。

無可救藥：病重到沒有藥可醫治。比喻事態已嚴重到無法挽救。

咎由自取：禍患都是自己招惹而來的。

　　國君聽了，心裏歡喜，**自言自語**說：「唉！難道太賢明也有錯嗎？」然後悠悠地睡着了。後來，車夫找機會拋下這位昏庸的國君，任由他在荒郊野外**自生自滅**。

　　如果一個人只愛聽好說話，不願意接受別人的批評，終有一天會**自食其果**。

🐝 成語自學角

自言自語： 和自己說話。形容自己低聲嘀咕。

自生自滅： 比喻任由事情自然發展，而不加以干預。

自食其果： 自己吃到自己所種的果實。比喻做了壞事，由自己承擔後果。

思考園地

你認為自欺欺人的行為，能不能解決問題？為甚麼？

成語練功房　寫一寫

試從這個故事中找出適當的成語，完成以下填字遊戲。

	一		二		三	
1	耳		言			
		2		生	三	
					果	

愚公谷

有一次，齊桓公出外打獵，忽然看到一隻鹿從前面飛快地跑過。他立刻追上去，走進了一個山谷。齊桓公不知自己身在何處，正好一名老人走來。

齊桓公上前詢問：「請問，這裏是甚麼地方？」

老人回答：「這裏是愚公谷。」他見齊桓公露出奇怪的表情，又說：「呵呵！這是用我的名字來命名的。」

齊桓公不明白地問：「你叫愚公？我看你**耳聰目明**，一點也不笨頭笨腦，大家怎會這樣稱呼你呢？」

老人歎氣說：「說來話長。我曾養了一頭母牛，母牛生下一頭小牛。後來小牛長大，我便賣

🐝 成語自學角

耳聰目明：聽覺聰敏、視覺清明。比喻頭腦靈敏。

笨頭笨腦：形容不聰明，頭腦反應慢。

說來話長：比喻事情複雜，得費很久的時間才能說清楚。

了牛買了一匹小馬。一個年輕人看我牽着一匹小馬，便兇狠地對我說：『你明明養的是一頭牛，怎麼會有馬？我想，這馬是偷來的吧！』於是強行把馬牽走。後來**左鄰右舍**知道了，都說我愚蠢，於是叫我做愚公，又把我住的山谷取名為愚公谷。」

　　第二天上朝時，齊桓公把這件事講給宰相管仲聽。管仲一聽，義正辭嚴地說：「光天化日之下，竟然出現這樣的事情！老人知道遇到**恃強凌弱**的人，就算跟他**據理力爭**，

左鄰右舍：指附近的鄰居。

義正辭嚴：理由正當充足，措辭嚴厲。

光天化日：大白天裏，大家都能看得清楚的場所。

恃強凌弱：恃，依仗。凌，欺凌、欺侮。依仗自己比人強大的權勢，欺侮弱小人士。

據理力爭：根據道理，竭力爭取。

也只是**以卵擊石**；就算報官，官府也**置之不理**。」管仲**憂心忡忡**地再說：「這不是老頭愚蠢，而是治安不好啊！」

齊桓公十分贊成，便下令管仲整肅法治，**剪惡除奸**，從此那些**明目張膽**的罪案越來越少。

成語自學角

以卵擊石：拿雞蛋去碰石頭。比喻自己實力不夠卻強行去做，或以弱攻強，結果一定失敗。

置之不理：不聞不問，不加理會。

憂心忡忡：忡忡，擔憂的樣子。形容憂愁不安的樣子。

剪惡除奸：剪除兇惡，鏟去奸邪。

明目張膽：張大眼，壯着膽子。比喻公然做壞事，內心毫無顧忌。

思考園地

你覺得自己居住的地方治安良好嗎？為甚麼？

成語練功房

寫一寫

試從這個故事所學的成語中，選擇最適當的填寫在橫線上。

1. 搬進新家的那一天，爸媽帶着我去拜訪 _____。

2. 他竟然 _____ 在課室抄功課，結果被老師發現責罰。

3. 這件事 _____，我們先坐下來，我再慢慢告訴你。

4. 這個賊人在 _____ 下搶劫他人財物，未免太大膽了！

5. 媽媽的病始終沒有好轉，實在令人 _____。

6. 老師 _____ 地叮囑學生，過馬路時一定要遵守交通規則。

7. 我們要互相關愛和尊重，不應 _____，傷害他人。

8. 警察肩負着 _____ 的重大責任。

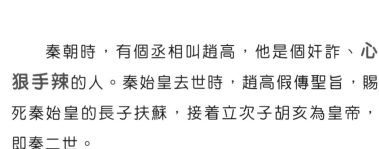

指鹿為馬

　　秦朝時，有個丞相叫趙高，他是個奸詐、**心狠手辣**的人。秦始皇去世時，趙高假傳聖旨，賜死秦始皇的長子扶蘇，接着立次子胡亥為皇帝，即秦二世。

　　當時胡亥年紀還輕，趙高把持朝政，**為所欲為**。可是他沒有**心滿意足**，還想造反自己做皇帝。他擔心朝中大臣反對，於是想出了一個方法來試探他們。

　　一天，趙高牽着一頭梅花鹿獻給秦二世，對二世說：「這是一匹名馬，能夠**日行千里**，夜走八百。」二世雖然昏庸無能，但還是分辨得出鹿和馬的，他笑着對趙高說：「丞相呀！你在開玩笑嗎？這分明是一頭鹿，你卻說牠是馬，真是**大錯特錯**。」

🐝 成語自學角

心狠手辣： 心腸狠毒，手段殘忍。

為所欲為： 想做甚麼就做甚麼。

心滿意足： 心裏感到滿足如意。

日行千里： 每天跑千里之遠。形容速度快捷。

大錯特錯： 形容錯誤到極點。

趙高**故弄玄虛**地說：「這是一匹馬，陛下怎麼說是鹿呢？好吧！陛下說是鹿，我說是馬。不如請各位大臣來認認，到底是鹿還是馬？」

二世暗想，也許是趙高故意的吧？於是他說道：「好！」

羣臣一聽是趙高叫他們作判斷，無一不**提心吊膽**，大家心想：如果說實話，會得罪丞相；如果說假話，又欺騙了皇帝；但甚麼都不說更不行。他們中有少數**赤膽忠心**的大臣，就實話實說是鹿。但大部分人都畏懼趙高的權勢，一是**默不作聲**，一是與趙高**同流合污**，紛紛回答：「是馬！是馬！」

故弄玄虛： 賣弄玄妙虛無的道理。後指故意玩弄花招，使人迷惑，無法捉摸。

提心吊膽： 心和膽好像懸起來。形容十分擔心或害怕。

赤膽忠心： 形容極為忠誠不二。通常用於對國家的忠誠。

默不作聲： 不說一句話。

同流合污： 指跟壞人一起做壞事。

這時，趙高發出一陣勝利的狂笑，可是秦二世卻**如坐雲霧**。事後，趙高暗中派人殺了那些說實話反對他的人，還把秦二世害死了。

趙高故意把鹿說是馬，藉以展現自己的威權。後人便以「指鹿為馬」比喻人刻意混淆是非，顛倒黑白。

🐝 成語自學角

如坐雲霧：像坐在雲霧裏一樣。比喻頭腦糊塗，無法辨析事理。

顛倒黑白：比喻歪曲事實，混淆是非。

你會否因為害怕羣眾壓力，對自己的想法有所動搖？這時候可以怎樣做？

思考園地

成語練功房

說一說

試根據以下圖片和提供的詞語，說出一個完整的故事。

詞語

小偷猖狂　　　進屋偷竊

提心吊膽　　　繩之於法

你要去哪裏？

　　戰國時，魏王想攻打趙國。季梁聽到消息，立即趕去見魏王。

　　魏王看到季梁**風塵僕僕**的模樣，驚訝地問他：「有甚麼急事嗎？連衣帽也沒整理。」

　　季梁說：「剛才我在路上遇見一件**稀奇古怪**的事，便急着和大王您分享。」魏王感到好奇，要季梁說來聽聽。

　　季梁緩緩道來：「剛才我遇到一個奇怪的人，他**悠哉悠哉**地坐着馬車說要去楚國，卻一直往北走。

　　我**大惑不解**地問：『楚國在南方，你怎麼往北走？』

🐝 成語自學角

風塵僕僕：風塵，在旅行時冒風受塵，比喻旅途辛苦。僕僕，忙碌勞累的樣子。後用來形容旅途中，奔波忙碌的樣子。

稀奇古怪：指很少見，不同於一般的。

悠哉悠哉：悠閒自得的樣子。

大惑不解：惑，疑問。心中感到疑問，不能夠理解。

他回答：『我有匹跑得很快的好馬！』

我說：『但你的方向錯了，馬跑得再快也到不了。』

他固執地說：『別擔心！我帶了很多路費呢！』

我耐住性子勸他：『路費再多也沒用。你要去楚國，應該往南走。你朝北走是到不了的。』

這個人還是**一意孤行**，他說：『沒關係，我還有一個很會趕馬的馬夫。』我看他這樣**冥頑不靈**，也**無話可說**了。

一意孤行：不接受他人的勸告，堅持要去做某件事情。

冥頑不靈：愚昧頑固，怎麼勸說也不聽。

無話可說：不知道該說甚麼好。

後來，他一聲令下，馬車**風馳電掣**地往前奔馳而去，一眨眼就消失得**無影無蹤**了。」

季梁又接着說：「大王，您常說要成為仁君，讓天下百姓信服您。您現在卻仗着**國富兵強**，想去侵犯鄰國來擴大領土和威名。大王這樣的行動越多，距離成為仁君的目標就越遠。這不正和那個人一樣嗎？」

魏王聽了，認為**言之有理**，便撤回攻打趙國的計劃。

🐝 成語自學角

風馳電掣：像風那樣奔跑；像閃電那樣一閃而過。比喻速度極快。

無影無蹤：消失得沒有留下一點蹤影。

國富兵強：國家富裕，兵力強大。

言之有理：所說的話有道理。

思考園地

你有甚麼目標？若要達到這個目標，需要怎樣做？

成語練功房

寫一寫

試從這個故事所學的成語中，選擇最適當的填寫在橫線上。

1. 大家都忙得像熱鍋上的螞蟻，只有小花一個人 ＿＿＿＿＿＿＿＿＿ 地在一旁睡覺。

2. 那隻小鹿一走出牢籠，立刻逃得 ＿＿＿＿＿＿＿＿＿ 。

3. 小丁收藏了許多 ＿＿＿＿＿＿＿＿＿ 的小玩具，讓人大開眼界。

4. 一輛紅色跑車 ＿＿＿＿＿＿＿＿＿ 地駛過，吹起了一陣狂風。

5. 我是反對的，但既然你們都支持他，我也 ＿＿＿＿＿＿＿＿＿ 。

6. 錢包裏怎麼會多了五百塊？實在令人 ＿＿＿＿＿＿＿＿＿ 。

7. 無論大家怎麼勸，他還是 ＿＿＿＿＿＿＿＿＿ ，不會改變自己的想法。

8. 媽媽的教誨 ＿＿＿＿＿＿＿＿＿ ，我深刻地反省了自己的過錯。

打仗的訣竅

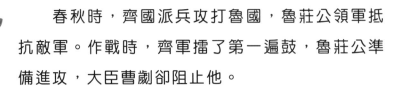

　　春秋時，齊國派兵攻打魯國，魯莊公領軍抵抗敵軍。作戰時，齊軍擂了第一遍鼓，魯莊公準備進攻，大臣曹劌卻阻止他。

　　「**少安勿躁**！現在還不是時候。」曹劌說。莊公按兵不動，直到齊軍擂過第三遍鼓，曹劌認為時機成熟了，才讓莊公擂鼓進擊，齊軍果然節節敗退。

　　莊公想乘勝追擊時，曹劌突然喊住他：「等一下！現在還不是時候。」曹劌下馬車，仔細觀察齊國戰車在地上留下的痕跡，又到車上觀察齊軍撤退的情形，點點頭說：「可以了！」莊公振臂一呼，下令追擊，果然大獲全勝。

🐝 成語自學角

少安勿躁：暫且耐心等一會兒，不要急躁。

節節敗退：在戰場上不斷地失利而連續撤退。後用來形容接二連三地失敗。

乘勝追擊：趁着勝利時，追逐、攻擊失敗的敵方。

振臂一呼：揮臂大聲吶喊，以振奮人心，號召羣眾。

大獲全勝：打敗對手或敵人。形容獲得完全的勝利。

戰爭結束後，莊公問曹劌打仗時的做法有甚麼用意。

曹劌說：「打仗憑藉的是勇氣，擂第一遍鼓時，對方士氣最旺盛；擂第二遍鼓時，士兵的勇氣就衰退了；等到擂第三遍鼓時，士氣已經消失殆盡，**欲振乏力**了。而齊軍士氣全失，我們的士氣正高昂，自然能得勝。但是大國的作戰方式**變化莫測**，恐怕會有伏兵，我觀察他們戰車留下的痕跡、軍旗也倒得**歪七扭八**，是真的戰敗，這才追擊。」

欲振乏力： 想要振作，卻缺乏力量。

變化莫測： 事物變化多端，無法預料。

歪七扭八： 歪斜不正的樣子。

莊公聽了，讚不絕口地說：「你真是太厲害了，令人佩服、佩服！」

後人便以「一鼓作氣」形容趁着一開始的勇氣，把事情一氣呵成做完，才容易成功。

成語自學角

讚不絕口：比喻人的能力極高或物品極好，使人口中不停的稱讚。

一鼓作氣：古代作戰時，擊第一次鼓時最能激起戰士的勇氣。後比喻做事要趁一開始勇氣旺盛時去做，才容易成功。

一氣呵成：處理事情，自開始至結束都沒間斷，一口氣完成。

思考園地

你有試過「一鼓作氣」地完成一件事嗎？

試在下面的（　　）內，填入適當的數字，完成成語。

1. 半斤（　　　）兩　　　　2.（　　　）氣呵成

3.（　　　）見鍾情　　　　4.（　　　）落（　　　）丈

5.（　　　）鼓作氣　　　　6. 胡說（　　　）道

7.（　　　）全（　　　）美　8.（　　　）手（　　　）腳

9.（　　　）顏（　　　）色　10.（　　　）舉兩得

成語練功房參考答案

乘涼妙方法
1. 汗流如雨
2. 靈機一動
3. 輾轉反側
4. 徒勞無功
5. 心血來潮
6. 隨機應變
7. 冰雪聰明

海神的犧牲品
(1) 絞盡腦汁
(2) 魂飛魄散
(3) 無妄之災
(4) 揚長而去

筆能助人
警察：希望你能夠改過自新，不要再犯錯了！
老伯伯：祝你們一帆風順，旅程愉快！

傻妻子
這間百貨公司正舉辦秋季大減價，不少市民一早到商場門外排隊，迫不及待地想衝進去搶購特價貨品。（答案僅供參考）

不能打狗啊！
這天，小傑的爸爸、媽媽有事外出，剩下他和傭人在家。小傑放學回家後就沉迷玩電子遊戲，把功課置之不理。晚上十時多，爸爸、媽媽回來後發現小傑還未做功課，催促他趕快完成。小傑做着做着，才發現要做的功課比想像的多和困難。到了十一時多，小傑昏昏欲睡，可是還有幾項功課未完成不能睡覺，他既疲倦又焦急，十分後悔沒有做好功課才玩樂。
（答案僅供參考）

真假蘋果
1. 交頭接耳
2. 聚精會神
3. 語重心長
4. 不約而同
5. 舉棋不定
6. 堅如磐石
7. 交頭接耳

鄒忌照鏡子
1. 心花怒放
2. 如出一轍
3. 直截了當
4. 明知故問
5. 微不足道
6. 略勝一籌
7. 當之無愧
8. 茅塞頓開

水餃的由來
手到病除、仁心仁術、杏林之光、妙手回春、懸壺濟世、華佗再世

餘音繞樑

1. 抑鬱寡歡
2. 一掃而空
3. 超羣絕倫
4. 吃不下咽
5. 歡欣鼓舞
6. 餘音繞樑
7. 冷嘲熱諷
8. 感人心脾

聰明的王戎

1. 百思不解
2. 風和日麗
3. 唾手可得
4. 倒背如流
5. 聰明伶俐 / 聰明絕頂
6. 光明正大
7. 不疾不徐
8. 大失所望

古代的萬人迷帥哥

形容男子外貌：B、D、F、G、J、N
形容女子外貌：A、C、E、H、I、K、
L、M、O

洛陽紙貴

1. 結結巴巴
2. 發憤圖強
3. 嘖嘖稱奇
4. 無名小卒
5. 華而不實
6. 供不應求
7. 愛不釋手
8. 趨之若鶩

劉伯溫藏寶

1. 若有所思
2. 山明水秀
3. 川流不息
4. 尋幽訪勝
5. 呼之欲出
6. 一語道破
7. 金光閃閃

最後一片葉子

1. 一舉成名
2. 憂心如焚
3. 昏昏沉沉
4. 栩栩如生
5. 生氣勃勃
6. 有氣無力
7. 螳臂當車
8. 與世長辭

多拜多保佑

媽媽生病了，需要留院觀察。雖然我和弟弟愛莫能助，不能醫治媽媽，但是我們經常買水果去探望她，還會心虔志誠地向神祈求媽媽早日康復呢！
（答案僅供參考）

世外桃源

那天，我和好朋友小英不知不覺走進桃花源，映入眼簾的是一大片桃花林，還有棲息在樹上花下的鳥兒，景色美不勝收。這裏的鳥兒和我們平常看到的不同，牠們有五顏六色的羽毛，還有獨特的斑紋，看得我目不轉睛。再往前走，我們看到一間間小屋，不過到處沒有人，彷彿這裏只有

我們兩個人。那裏地方寬廣,我們在
桃花林下轉圈、拍照,度過了一個無
憂無慮的下午!(答案僅供參考)

書上沒教的趕雞術

1. 操之過急
2. 驚弓之鳥
3. 按兵不動
4. 汗流浹背
5. 分身乏術
6. 望洋興歎
7. 驚惶失措、爭先恐後

大嗓門的弟子

1. 三頭六臂
2. 五體投地
3. 看家本領
4. 刮目相看
5. 洗耳恭聽
6. 雕蟲小技
7. 不慌不忙
8. 博學多聞

國王的三個難題

1. 聲名大噪
2. 不計其數
3. 應對如流
4. 心悅誠服
5. 胸有成竹
6. 不同凡響
7. 眼花繚亂
8. 榮華富貴

好好先生

1. 八面玲瓏
2. 心平氣和
3. 與世無爭
4. 千篇一律
5. 溘然長逝
6. 天人路隔
7. 不聞不問
8. 一如既往

門可羅雀

1. 冷冷清清
2. 無時無刻
3. 感慨萬千
4. 絡繹不絕
5. 門可羅雀
6. 銷聲匿跡
7. 不可同日而語
8. 百無聊賴

管仲與鮑叔牙

(1) 管鮑之交
(2) 志同道合
(3) 堅定不移
(4) 津津樂道
(5) 百感交集

上行下效

1. 天南地北
2. 念念不忘
3. 一塌糊塗
4. 拍案叫絕
5. 一展身手
6. 甘拜下風
7. 實話實說
8. 百發百中

收不回的水
1. 大紅大紫
2. 覆水難收
3. 八面威風
4. 痴心妄想
5. 同甘共苦
6. 一塵不染
7. 金榜題名
8. 牛角掛書

害人的老鼠
1. 瞻前顧後
2. 左右為難
3. 目中無人
4. 作威作福
5. 五穀豐登
6. 集思廣益

愛聽好話的國君
1　逆耳忠言
2　自生自滅
一　馬耳東風
二　自言自語
三　自食其果

愚公谷
1. 左鄰右舍
2. 明目張膽
3. 說來話長
4. 光天化日
5. 憂心忡忡
6. 義正辭嚴
7. 恃強凌弱
8. 剪惡除奸

指鹿為馬
最近小偷猖狂，不少鄰居遭遇小偷入屋盜竊，沒想到我們家也不能倖免。有天早上，我們起牀後發現客廳的窗戶被人撬開，衣服等東西亂七八糟撒滿一地。我們翻查閉路電視，才發現有賊人趁我們睡着時進屋偷竊。爸爸立刻報警求助，真希望警察能早日把賊人繩之於法，讓大家不用天天提心吊膽。（答案僅供參考）

你要去哪裏？
1. 悠哉悠哉
2. 無影無蹤
3. 稀奇古怪
4. 風馳電掣
5. 無話可說
6. 大惑不解
7. 一意孤行
8. 言之有理

打仗的訣竅
1. 八
2. 一
3. 一
4. 一、千
5. 一
6. 八
7. 十、十
8. 七、八
9. 五、六
10. 一

成語分類

分類	成語
待人處事	【情感交誼】志同道合、管鮑之交、同甘共苦、高朋滿座、覆水難收、千恩萬謝、八面玲瓏
	【正義】拔刀相助、剪惡除奸、一介不取、光明正大
	【作惡】狼狽為奸、貪得無厭、作威作福、恃強凌弱、心狠手辣、為所欲為、同流合污、顛倒黑白、目中無人
	【奉承】趨炎附勢、曲意逢迎、阿諛奉承
	【固執】執迷不悟、一意孤行、冥頑不靈
	【不切實際】不自量力、螳臂當車、以卵擊石、痴心妄想、自欺欺人
	【輕視】充耳不聞、視若無睹、不顧死活、不屑一顧、嗤之以鼻
	【猶豫】反覆無常、舉棋不定、瞻前顧後、左右為難
	【退縮】知難而退、臨陣脫逃
	【學習】孜孜矻矻、牛角掛書、學以致用、上行下效
	【專注】聚精會神、全神貫注、洗耳恭聽
	【勤奮上進】自告奮勇、嘔心瀝血、發憤圖強
	【不變】一如既往、千篇一律、如出一轍、依樣畫葫蘆
	【商議】集思廣益、不以為然
	【鎮定】不慌不忙、少安勿躁、隨機應變、按兵不動
	【堅持】堅定不移、鐵石心腸、一鼓作氣、一氣呵成
	【急進】心血來潮、操之過急
	【改過】從善如流、改過自新
	【忠誠】心虔志誠、盡忠職守、忠心耿耿、赤膽忠心
	【虛假】故弄玄虛、明知故問
	【大膽】明目張膽、膽大包天
	【自信】胸有成竹
事態情況	【名氣／地位】大名鼎鼎、赫赫有名、名垂千古、功高德重、一舉成名、聲名大噪、大紅大紫、舉足輕重、當之無愧、數一數二
	【繁多】琳瑯滿目、各式各樣、汗牛充棟、不計其數、不勝枚舉、變化莫測
	【羣眾】水洩不通、人山人海、川流不息、爭先恐後、絡繹不絕、趨之若鶩

分類	成語
事態情況	【成功】如願以償、大獲全勝、有志竟成、金榜題名、飛黃騰達、衣錦還鄉、乘勝追擊
	【失敗】一塌糊塗、弄巧成拙、徒勞無功、節節敗退、鎩羽而歸
	【福禍】消災解厄、逢凶化吉、一帆風順、無妄之災、大難臨頭、殃及池魚、枉費心機、咎由自取、自食其果
	【無助】束手無策、愛莫能助、欲振乏力、無可救藥、一發不可收拾
	【政治】長治久安、國富兵強、勵精圖治
	【微小】不足掛齒、微不足道
	【消失】銷聲匿跡、無影無蹤、一掃而空
	【冷清】冷冷清清、門可羅雀
	【轉變】刮目相看、不可同日而語
	【明顯】呼之欲出、有目共睹
	【放任】自生自滅、懸而未決
	【輕易／收穫／忙碌／不足／習慣／錯誤／緊急】唾手可得／滿載而歸／分身乏術／供不應求／司空見慣／大錯特錯／迫在眉睫
心情感覺	【高興】沾沾自喜、心滿意足、心花怒放、歡欣鼓舞
	【感慨】感人心脾、感慨萬千、百感交集
	【興致濃厚】興致勃勃、津津樂道
	【疑惑】莫名其妙、百思不解、大惑不解
	【明白】恍然大悟、茅塞頓開、豁然大悟、如夢初醒
	【驚嚇】魂飛魄散、大吃一驚、驚惶失措、驚弓之鳥
	【擔憂】食不下咽、憂心如焚、提心吊膽
	【安心／平靜】心安理得、無憂無慮、心平氣和
	【佩服】五體投地、甘拜下風、心悅誠服
	【不安】惶惶不安、輾轉反側
	【迷糊】眼花繚亂、如坐雲霧
	【失望】大失所望、心灰意冷
	【難忘】歷歷在目、念念不忘

分類	成語
心情感覺	【無奈】望洋興歎、啼笑皆非
	【後悔 / 急切 / 憐憫 / 無聊】悔不當初 / 迫不及待 / 於心不忍 / 百無聊賴
外貌神態	【美貌 / 氣質】風度翩翩、文弱書生、玉樹臨風、沉魚落雁、閉月羞花、才貌雙全、八面威風
	【流汗】汗流如雨、汗流浹背
	【歡樂】神清氣爽、滿面春風、笑容可掬
	【憂愁】憂心忡忡、抑鬱寡歡
	【生氣】疾言厲色、怒氣沖沖、氣急敗壞
	【嚴肅】不苟言笑、正襟危坐
	【驚訝 / 呆滯】面面相覷、目瞪口呆、目不轉睛
	【奔波】筋疲力盡、風塵僕僕、狼狽不堪
	【身形】骨瘦如柴
舉止動作	【思考】靈機一動、絞盡腦汁、搜索枯腸、若有所思、胡思亂想、千方百計、不假思索、想方設法
	【讚賞 / 喜愛】拍案叫絕、愛不釋手
	【號召】大聲疾呼、振臂一呼
	【呼吸急促 / 離開 / 責罵 / 激動】氣喘如牛 / 揚長而去 / 破口大罵 / 情不自禁
言詞談吐	【勸勉】義正辭嚴、語重心長、當頭棒喝、犯顏苦諫、逆耳忠言、馬耳東風、言之有理
	【精闢】一語中的、一語道破
	【爭辯】振振有辭、據理力爭
	【話題】談天說地、天南地北
	【應答】應對如流、不疾不徐、結結巴巴
	【諷刺 / 虛假】冷嘲熱諷、胡說八道
	【誠懇】吐膽傾心、由衷之言
	【稱讚】嘖嘖稱奇、讚不絕口
	【直接】實話實說、直截了當
	【沉默】默不作聲、無話可說、自言自語
	【不經意 / 事情脈絡】有意無意 / 說來話長

分類	成語
才華能力	【聰明才智】冰雪聰明、耳聰目明、聰明伶俐、聰明絕頂、卓爾不羣、超羣絕倫、德才兼備 【學識豐富】滿腹經綸、學富五車、博學多聞、倒背如流 【愚笨】大愚不靈、愚不可及、笨頭笨腦 【本領技能】孔武有力、看家本領、三頭六臂、不同凡響、一展身手、餘音繞樑、百發百中、遊刃有餘、雕蟲小技、乳臭未乾、無名小卒、一官半職 【寫作能力】連篇累牘、華而不實、下筆成章
自然景觀	【天氣】滂沱大雨、天寒地凍、風和日麗 【大自然】山明水秀、尋幽訪勝、別有天地、世外桃源、生氣勃勃、豁然開朗、美不勝收、五顏六色
生老病死	【病患】疑難雜症、手到病除、仁心仁術、有氣無力、昏昏沉沉 【死亡】回天乏術、三長兩短、與世長辭、一命嗚呼、溘然長逝、天人路隔、葬身魚腹 【求生】貪生怕死、忍辱偷生
衣食住行	【民生】五穀豐登、民脂民膏 【富裕】榮華富貴、養尊處優 【淡泊】閒雲野鶴、與世無爭、悠哉悠哉 【貧困】一貧如洗、顛沛流離、山窮水盡 【住戶】家家戶戶、左鄰右舍
物體狀態	【外表】歪七扭八、栩栩如生、一塵不染、半新不舊、金光閃閃、稀奇古怪、本來面目 【速度】日行千里、風馳電掣
時間	夜闌人靜、無時無刻、光天化日

策劃編輯　余雲嬌

責任編輯　余雲嬌　謝燿壕　劉萄諾

封面設計　龐雅美

版式設計　龐雅美

排版　陳美連

印務　劉漢舉

趣味閱讀學成語 ④

主編 / 謝雨廷　曾淑璱　姚嵐齡

出版 / 中華教育

香港北角英皇道 499 號北角工業大廈 1 樓 B 室

電話：(852) 2137 2338

傳真：(852) 2713 8202

電子郵件：info@chunghwabook.com.hk

網址：https://www.chunghwabook.com.hk

發行 / 香港聯合書刊物流有限公司

香港新界荃灣德士古道 220-248 號荃灣工業中心 16 樓

電話：(852) 2150 2100

傳真：(852) 2407 3062

電子郵件：info@suplogistics.com.hk

印刷 / 高科技印刷集團有限公司

香港葵涌和宜合道 109 號長榮工業大廈 6 樓

版次 / 2022 年 10 月第 1 版第 1 次印刷

©2022 中華教育

規格 / 16 開 (230 mm x 170 mm)

ISBN / 978-988-8807-96-3

2020 Ta Chien Publishing Co., Ltd

香港及澳門版權由臺灣企鵝創意出版有限公司授予